危险废物安全处置运营管理实务

朱微娜　常晶岳　编著

全国百佳图书出版单位

化学工业出版社

·北京·

内容简介

本书以危险废物经营单位的运营管理为框架，以危险废物从产废单位到经营单位流转的全过程为主线，介绍了运营管理、处置利用技术、安全环保及职业健康等方面的内容。本书重点介绍了危险废物的转移、贮存、处置/利用等过程的规范化管理和注意事项，以及相关的设备、人员培训、安全环保、记录簿等方面的规范化管理和注意事项。本书全面、系统地介绍了危险废物经营单位运营管理的全部环节，将管理过程中遇到的实际问题以“经验总结”的方式传递给读者；结合大部分从业者所关注的实验室软硬件配置、技术管理、人员管理等内容，对危险废物经营单位实验室建设及管理进行详细介绍；对危险废物经营单位环保管理工作中危险废物经营记录簿的建设及管理进行了详细分析、总结并提出了独到的见解，对提升经营单位管理水平具有重要的意义。

本书可供产废（危险废物、一般固体废物等）企业和运营企业的管理人员、技术人员、环保执法管理人员及相关专业的高等院校师生参考使用。

图书在版编目（CIP）数据

危险废物安全处置运营管理实务/朱微娜，常晶岳编著. —北京：化学工业出版社，2021.10
ISBN 978-7-122-39605-1

Ⅰ.①危… Ⅱ.①朱… ②常… Ⅲ.①危险物品管理-废物处理②危险物品管理-废物管理 Ⅳ.①X7

中国版本图书馆 CIP 数据核字（2021）第 149390 号

责任编辑：姚晓敏　　装帧设计：韩　飞
责任校对：王　静

出版发行：化学工业出版社（北京市东城区青年湖南街 13 号　邮政编码 100011）
印　　装：大厂聚鑫印刷有限责任公司
787mm×1092mm　1/16　印张 11½　字数 249 千字　2021 年 10 月北京第 1 版第 1 次印刷

购书咨询：010-64518888　　售后服务：010-64518899
网　　址：http://www.cip.com.cn
凡购买本书，如有缺损质量问题，本社销售中心负责调换。

定　　价：68.00 元　

序

2003年全国规划了31个综合性的医疗废物和危险废物处置中心，规划总投资150亿元，其中北京市的危险废物处置中心同时作为2008年奥运会倒排工期的折子工程配套建设，该项目包括焚烧、填埋、物化、废矿物油利用、废铅酸电池利用、废荧光灯管利用等处置利用生产线，同时配套建设污水处置设施。

朱微娜从2007年毕业就入职到这个项目，从项目建设到项目运营，一干就是十几年。记得我们初识还是在2010年左右，巴塞尔公约亚太区域中心组织了固体废物管理与技术国际会议，来自许多国家的代表来到北京市的危险废物处置中心参观，当时他们的项目也刚运行不久。白驹过隙，转眼北京市危险废物处置中心已经运行了十几年，朱微娜也在这十几年中成长起来。她和我聊起编写这本书的初衷，起初是想把这本书作为她自己的一个备忘录，后来写着写着，觉得应该把这些内容跟同行分享，让这本书发挥更大的作用。在这本书里，她把从业十余年的经历、总结都写了进去，包括危险废物的全过程管理内容、管理过程中的要点、经验总结等。

我国危险废物集中处置与利用设施的大规模建设在2010年以后，而危险废物经营项目“遍地开花”则是在近三四年的时间。行业发展的这短短几年时间里，还未曾有关于危险废物项目运营实务类的书籍出版。这本书是以基层的技术管理、运营管理人员为目标群体，从把控全局的管理视角出发，介绍危险废物经营项目的全过程管理。这本书对于初入行业的人员起到了指路的作用，对于从事该行业多年的人员也有借鉴提高的作用，值得危险废物经营管理从业人员阅读。

希望通过这本书，让更多的危险废物经营管理从业者能够与作者互相交流、取长补短，共同为我国危险废物行业的发展贡献力量。

李金惠

清华大学教授

巴塞尔公约亚太区域中心执行主任

前言

2015 年环保法修订并实施以来，国家对危险废物的管控日趋严格，危险废物的集中处置设施大量建设，在 3～4 年时间里，很多地区的危险废物集中处置设施建设规模接近饱和，特别是 2021 年 5 月国务院发布了《强化危险废物监管和利用处置能力改革实施方案》（即“危险废物十条”）中提出“2022 年底前，各省（自治区、直辖市）危险废物处置能力与产废情况总体匹配”，进一步说明我国的危险废物处置设施建设基本完成，将会在未来 2～3 年内全面进入运营期，行业急需大量合格的运营管理人员。基于此，编者把在危险废物综合处置中心从业十多年的运营管理工作经验进行总结并与同行分享，希望能为危险废物处置行业发展贡献自己的一点力量。

本书共分四篇，分别是“危险废物基础知识及行业发展概述”“危险废物处置利用技术综述”“危险废物项目运营管理”和“危险废物项目运营辅助管理”。

第一篇通过危险废物基本知识概述及我国危险废物管理与行业发展概览，帮助读者对危险废物处置与利用行业建立初步的认识；第二篇将危险废物处置与利用的常见技术进行介绍，可以满足行业内各专业人员的基本工作需求；第三篇及第四篇为本书的核心内容，将危险废物经营单位运营管理的全过程一一呈现，全方位地满足危险废物产生企业的环保管理人员、危险废物经营单位运营人员和管理人员的从业需求。

本书力图全面、系统地介绍危险废物经营单位运营管理的各个环节，结合编者十多年的项目运营管理经验，将管理过程中遇到的实际问题及解决方法，以“经验总结”的方式传递给读者；结合大部分从业者关注的实验室软硬件配置、技术管理、人员管理等内容，对危险废物经营单位实验室建设及管理进行详细介绍；对危险废物经营单位环保管理工作中的危险废物经营记录簿的建设及管理进行了详细分析、总结并提出了自己的见解，对提升运营单位的管理能力具有重要的意义。

本书的顺利编写，首先要感谢清华大学李金惠教授的鼓励与支持，感谢清华大学霍培书博士的帮助；特别感谢中国危废产业网创始人及团队给予的帮助；最后还要感谢家人的关爱和支持。

本书在编写的过程中，参阅了大量的文献和资料，在此对这些专家表示感谢。书中难免会有不足之处，真诚欢迎读者指正，欢迎发邮件到 78576774@qq. com 相互交流。

编著者

目 录

第一篇　危险废物基础知识及行业发展概述

第二篇　危险废物处置利用技术综述

第三篇　危险废物项目运营管理

第四篇　危险废物项目运营辅助管理

第一篇

危险废物基础知识及行业发展概述

《国家危险废物名录》（2021 年）中规定了 40 多个行业的 46 大类 467 种危险废物。除了名录中规定的各行业产生的危险废物之外，仍有一些不排除具有毒性、腐蚀性、易燃性、反应性等一种或一种以上危险特性的废物需要经过鉴别才能确定其危险废物的属性。如果这些危险废物不经过处置而被直接排放，会对人类的生存环境和身体健康构成严重威胁。

我国的危险废物处置利用行业起步相对较晚，20 世纪 90 年代才开始对危险废物进行管理和处置。目前，无论从国家管理体系的完善度，还是工艺技术发展的成熟度来说，我国对危险废物的处置与利用还处于初级阶段。作为危险废物处置行业的从业人员，有必要了解有关危险废物的一些基础知识、固体废物鉴别方法、危险废物鉴别标准，以及我国危险废物管理发展历程与行业发展现状等。

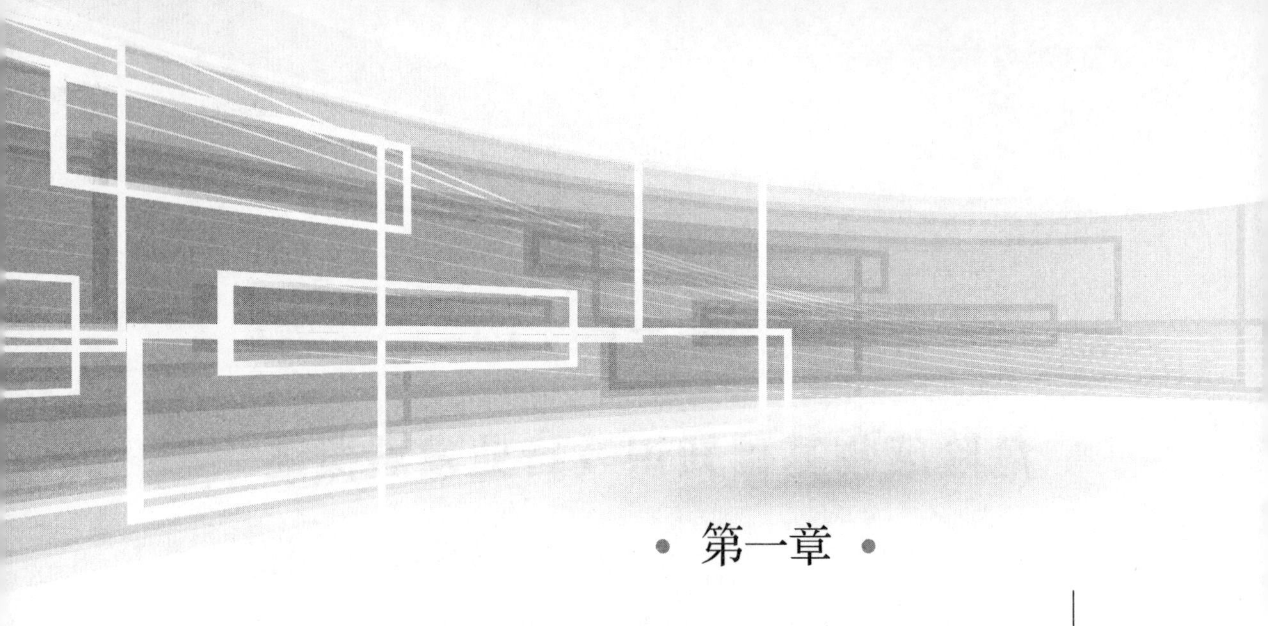

第一章 危险废物知识概述

第一节 危险废物基础知识

一、危险废物的定义

在我国不同的法律、标准、规范中，对危险废物的定义存在相近但略有不同的描述，本书中参考《中华人民共和国固体废物污染环境防治法》（以下简称“固废法”）中对“危险废物”的定义：“指列入国家危险废物名录或者根据国家规定的危险废物鉴别标准和鉴别方法认定的具有危险特性的固体废物。”随着行业发展日渐规范，各种法规、标准在修订的过程中，也都逐渐将危险废物的定义与固废法中给出的定义相统一。

从上述定义可以看出，对危险废物的界定可以分为三个层次。

（1）危险废物属于固体废物。如果该废物不属于固体废物，它就不属于危险废物。

（2）危险废物的属性判定。首先，要根据《国家危险废物名录》来判断，如果该固体废物在名录当中，则属于危险废物；如果不在名录当中，又不具有“毒性、腐蚀性、易燃性、反应性和感染性”中的任意一种危险特性，则不属于危险废物。

（3）其他一些情况下的属性判定。如果该固体废物不在《国家危险废物名录》当中，但是不排除具有毒性、腐蚀性、易燃性和反应性中的一种或几种，则需要采用国家规定的鉴别标准和鉴别方法进行鉴别。如果经鉴别后可以确定属于危险废物的，则判定工作结束；如果既不排除该固体废物具有上述的一种或几种危险特性，又无法采用国家规定的鉴别标准和鉴别方法进行鉴别得出结论，则需要由国家生态环境部门组织专家进行认定。

二、危险废物的危险特性

在《国家危险废物名录》(2021 年) 中提出危险废物具有五种危险特性：毒性、腐蚀性、易燃性、反应性和感染性。有的危险废物只具有一种危险特性，大多数的危险废物都是具有一种以上危险特性。五大危险特性的提出，对危险废物接收、分析、贮存、处置的全过程管理具有重要的意义。

1. 危险特性对运输过程的影响

在《危险废物贮存污染控制标准》(GB 18597—2001) 中，对危险废物的标签样式及使用有明确的要求，标签上有一项填写内容是“危险情况”，在这一栏中主要填写的就是废物的危险特性。危险废物在运输过程中，运输单位要根据所载危险废物的危险特性，使用专用的车辆运输以避免发生泄漏、遗撒；配备相应的应急物资，以应对、处置突发事故；配备应急药品，保证发生人身伤害时能应急救治；车辆驾驶员和押运员会根据所载危险废物的危险特性配备必要的劳动防护用品，包括呼吸系统防护用品和皮肤防护用品等，以降低职业伤害。

2. 危险特性对贮存过程的影响

危险废物进入经营单位厂区时，库房管理人员会根据其相容性兼顾危险特性选择合适的贮存场所。贮存场所的建设要符合 GB 18597—2001 中的系列要求，特别是针对地面防渗、通风设施、消防设施、地面裙角等，从环境保护和职业健康的角度出发进行建设。同样，对于直接接触危险废物的库房管理人员，会考虑采取保证人员安全和作业环境安全的各种措施。

3. 危险特性对处置利用过程的影响

对危险废物处置或利用工艺的选择，仍然是依据其危险特性选择工艺路线。例如，针对医疗废物的感染性，有些工艺会优先进行灭菌处理再做后续处理，即便是直接焚烧处理也要求不能破坏其包装，直接进入焚烧系统；对于废酸碱的处理，如果不选择资源回收利用，在处置技术的选择上则大多会先去除其腐蚀性；对于易燃性的废物，则主要采用焚烧的方式进行减量，如果有残余物再考虑其他的工艺方式进行最终的处置；如果某危险废物最显著的危险特性是毒性，则需要依据产生毒性的元素或物质采用相应的解毒方式，解毒后再做其他安全处置。

第二节　固体废物鉴别标准通则

危险废物属于固体废物，在固废法中给出了“固体废物”的定义，即“在生产、生活和其他活动中产生的丧失原有利用价值或者虽未丧失利用价值但被抛弃或者放弃的固态、半固态和置于容器中的气态的物品、物质以及法律、行政法规规定纳入固体废物管理的物品、物质。经无害化加工处理，并且符合强制性国家产品质量标准，不会危害公众健康和生态安全，或者根据固体废物鉴别标准和鉴别程序认定为不属于固体废物的除外。”因此，在对某废物是否属于危险废物进行判定时，应首先结合上述固体废物的定义判断其是否属于固体废物，只有满足了这一基本条件，才能依次进行后续的属性判断。

对于固体废物属性的判断，除了采用定义判断，更直接的方式则可以参考《固体废物鉴别标准 通则》(GB 34330—2017)，该标准按照“依据产生来源的鉴别、利用和处置过程中的固体废物鉴别、不作为固体废物管理的物质、不作为液态废物管理的物质”四种情况，对固体废物的产生来源、种类范围、具体物质做了详细的归类，实用性和参考性强。

一、依据产生来源的鉴别

根据鉴别通则，以下物质属于固体废物。

1. 丧失原有使用价值的物质

(1) 在生产过程中产生的因为不符合国家、地方制定或行业通行的产品标准（规范），或者因为质量原因，而不能在市场出售、流通或者不能按照原用途使用的物质，如不合格品、残次品、废品等。但符合国家、地方制定或行业通行的产品标准中等外品级的物质以及在生产企业内进行返工（返修）的物质除外。

(2) 因为超过质量保证期，而不能在市场出售、流通或者不能按照原用途使用的物质。

(3) 因为沾染、掺入、混杂无用或有害物质使其质量无法满足使用要求，而不能在市场出售、流通或者不能按照原用途使用的物质。

(4) 在消费或使用过程中产生的，因为使用寿命到期而不能继续按照原用途使用的物质。

(5) 执法机关查处没收的需报废、销毁等无害化处理的物质，包括（但不限于）假冒伪劣产品、侵犯知识产权产品、毒品等禁用品。

(6) 以处置废物为目的生产的，不存在市场需求或不能在市场上出售、流通的物质。

(7) 因为自然灾害、不可抗力因素和人为灾难因素造成损坏而无法继续按照原用途使用的物质。

(8) 因丧失原有功能而无法继续使用的物质。

(9) 由于其他原因而不能在市场出售、流通或者不能按照原用途使用的物质。

2. 生产过程中产生的副产物

(1) 产品加工和制造过程中产生的下脚料、边角料、残余物质等。

(2) 在物质提取、提纯、电解、电积、净化、改性、表面处理以及其他处理过程中产生的残余物质，包括（但不限于）以下物质：

① 在黑色金属冶炼或加工过程中产生的高炉渣、钢渣、轧钢氧化皮、铁合金渣、锰渣；

② 在有色金属冶炼或加工过程中产生的铜渣、铅渣、锡渣、锌渣、铝灰（渣）等火法冶炼渣，以及赤泥、电解阳极泥、电解铝阳极炭块残极、电积槽渣、酸（碱）浸出渣、净化渣等湿法冶炼渣；

③ 在金属表面处理过程中产生的电镀槽渣、打磨粉尘。

（3）在物质合成、裂解、分馏、蒸馏、溶解、沉淀以及其他过程中产生的残余物质，包括（但不限于）以下物质：

① 在石油炼制过程中产生的废酸液、废碱液、白土渣、油页岩渣；

② 在有机化工生产过程中产生的酸渣、废母液、蒸馏釜底残渣、电石渣；

③ 在无机化工生产过程中产生的磷石膏、氨碱白泥、铬渣、硫铁矿渣、盐泥。

（4）金属矿、非金属矿和煤炭开采、选矿过程中产生的废石、尾矿、煤矸石等。

（5）石油、天然气、地热开采过程中产生的钻井泥浆、废压裂液、油泥或油泥砂、油脚和油田溅溢物等。

（6）火力发电厂锅炉、其他工业和民用锅炉、工业窑炉等热能或燃烧设施中，燃料燃烧产生的燃煤炉渣等残余物质。

（7）在设施设备维护和检修过程中，从炉窑、反应釜、反应槽、管道、容器以及其他设施设备中清理出的残余物质和损毁物质。

（8）在物质破碎、粉碎、筛分、碾磨、切割、包装等加工处理过程中产生的不能直接作为产品或原材料或作为现场返料的回收粉尘、粉末。

（9）在建筑、工程等施工和作业过程中产生的报废料、残余物质等建筑废物。

（10）畜禽和水产养殖过程中产生的动物粪便、病害动物尸体等。

（11）农业生产过程中产生的作物秸秆、植物枝叶等农业废物。

（12）教学、科研、生产、医疗等实验过程中产生的动物尸体等实验室废弃物质。

（13）其他生产过程中产生的副产物。

3. 环境治理和污染控制过程中产生的物质

（1）烟气和废气净化、除尘处理过程中收集的烟尘、粉尘，包括粉煤灰。

（2）烟气脱硫产生的脱硫石膏和烟气脱硝产生的废脱硝催化剂。

（3）煤气净化产生的煤焦油。

（4）烟气净化过程中产生的副产硫酸或盐酸。

（5）水净化和废水处理产生的污泥及其他废弃物质。

（6）废水或废液（包括固体废物填埋场产生的渗滤液）处理产生的浓缩液。

（7）化粪池污泥、厕所粪便。

（8）固体废物焚烧炉产生的飞灰、底渣等灰渣。

（9）堆肥生产过程中产生的残余物质。

（10）绿化和园林管理中清理产生的植物枝叶。

（11）河道、沟渠、湖泊、航道、浴场等水体环境中清理出的漂浮物和疏浚污泥。

（12）烟气、臭气和废水净化过程中产生的废活性炭、过滤器滤膜等过滤介质。

（13）在污染地块修复、处理过程中，采用下列任何一种方式处置或利用的污染土壤：①填埋；②焚烧；③水泥窑协同处置；④生产砖、瓦、筑路材料等其他建筑材料。

（14）在其他环境治理和污染修复过程中产生的各类物质。

4. 其他

（1）法院禁止使用的物质。

（2）国务院环境保护行政主管部门认定为固体废物的物质。

二、利用和处置过程中的固体废物鉴别

1. 在任何条件下，固体废物按照以下任何一种方式利用或处置时，仍然作为固体废物管理

（1）以土壤改良、地块改造、地块修复和其他土地利用方式直接施用于土地或生产施用于土地的物质（包括堆肥），以及生产筑路材料。

（2）焚烧处置（包括获取热能的焚烧和垃圾衍生燃料的焚烧），或用于生产燃料，或包含于燃料中。

（3）填埋处置。

（4）倾倒、堆置。

（5）国务院环境保护行政主管部门认定的其他处置方式。

2. 利用固体废物生产的产物同时满足下述条件的，不作为固体废物管理，按照相应的产品管理

（1）符合国家、地方制定或行业通行的被替代原料生产的产品质量标准。

（2）符合相关国家污染物排放（控制）标准或技术规范要求，包括该产物生产过程中排放到环境中的有害物质限值和该产物中有害物质的含量限值；当没有国家污染控制标准或技术规范时，该产物中所含有害成分含量不高于利用被替代原料生产的产品中的有害成分含量，并且在该产物生产过程中，排放到环境中的有害物质浓度不高于利用所替代原料生产产品过程中排放到环境中的有害物质浓度，当没有被替代原料时，不考虑该条件。

（3）有稳定、合理的市场需求。

三、不作为固体废物管理的物质

1. 不作为固体废物管理的物质

（1）任何不需要修复和加工即可用于其原始用途的物质，或者在产生点经过修复和加工后满足国家、地方制定或行业通行的产品质量标准并且用于其原始用途的物质。

（2）不经过贮存或堆积过程，而在现场直接返回到原生产过程或返回其产生过程的物质。

（3）修复后作为土壤用途使用的污染土壤。

（4）供实验室化验分析用或科学研究用固体废物样品。

2. 以下方式进行处置后的物质，不作为固体废物管理

（1）金属矿、非金属矿和煤炭采选过程中直接留在或返回到采空区的符合 GB 18599 中第Ⅰ类一般工业固体废物要求的采矿废石、尾矿和煤矸石。但是带入除采矿废石、尾矿和煤矸石以外的其他污染物质的除外。

（2）工程施工中产生的按照法规要求或国家标准要求就地处置的物质。

四、不作为液态废物管理的物质

（1）满足相关法规和排放标准要求可排入环境水体或者市政污水管网和处理设施的废水、污水。

（2）经过物理处理、化学处理、物理化学处理和生物处理等废水处理工艺处理后，可以满足向环境水体或市政污水管网和处理设施排放的相关法规和排放标准要求的废水、污水。

（3）废酸、废碱中和处理后产生的满足以上（1）或（2）条要求的废水。

通过上述固体废物的鉴别通则，可以较全面地了解国家对各行业的固体废物属性的判别要求，可以清晰地参照这些要求进行固体废物属性的判断，然后再进一步判别是否属于危险废物。

第三节 《国家危险废物名录》

一、《国家危险废物名录》版本变化

《国家危险废物名录》（以下简称“名录”）1998年第一次发布，经历2008年、2016年、2020年三次修订，现行版本为2021年版。

1. 1998年版

1998年，原国家环境保护总局联合原国家经贸委、原外经贸部、公安部发布了我国第一版《国家危险废物名录》（1998年），名录中包含47个废物类别。1998年版的名录与现行版本区别较大，虽都采用表格的形式列出各种危险废物，但是1998年版的名录只笼统地分出废物类别，未详细分出其中的各子类别，同时未引入“危险特性”这一概念。

2. 2008年版

2008年，原环境保护部联合国家发展和改革委员会发布了《国家危险废物名录》（2008年），名录中包含49个废物类别，与第一版名录相比增加了两类危险废物，分别是“HW48有色金属冶炼废物”和“HW49其他废物”，同时每一大类危险废物中，又详细分出具有8位数字代码的小类别废物；2008年版名录中新增了更为详细且有针对性的条文说明，明确了法定依据、五大危险特性和管理范围等内容；名录主要采用表格形式说明，由废物类别、行业来源、废物代码、危险废物和危险特性五部分组成。

3. 2016年版

2016年，原环境保护部联合国家发展和改革委员会、公安部发布了《国家危险废物名录》（2016年），与2008年版名录相比，联合发布单位中新增“公安部”，主要是为了明确在环境污染刑事案件处理过程中，公安部可以直接根据名录认定危险废物的属性。与前两版名录相比，危险废物主要来自44个行业，类别变成46大类479种废物代码，新增“HW50废催化剂”，将“HW41废卤化有机溶剂”和“HW42废有机溶剂”合并到了“HW06废有机溶剂与含有机溶剂废物”当中，删除了“HW43含多氯苯并呋喃类废物”和“HW44含多氯苯并二噁英废物”。2016年版名录中的这些变化解决了部分危险废物类别定义不准确、范围过大的问题，落实了豁免制度，对多种废物的豁免环节和豁免条件做出明确规定。豁免清单制度的建立是我国对危险废物管理的一项重大进步。

4. 2021年版

与2016年版相比，现行版名录中的废物类别仍为46大类，危险废物种类减少至467种；联合发布单位增加了国家卫生健康委员会和交通运输部；名录的正文删减了一条关于危险化学品目录的内容，因为《危险化学品目录》中的危险化学品并不是都具有环境危害特性，废弃危险化学品不能简单等同于危险废物，例如“液氧”“液氮”等是仅具有“加压气体”物理危险性的危险化学品；本次名录中修改最多的部分，即豁免清单的内容，豁免清单从2016年版的16项增加至32项。

二、《国家危险废物名录》（2021年）浅析

2021年修订的《国家危险废物名录》仍由三部分组成，分别是正文、附表和危险废物豁免管理清单，下面分别进行介绍。

（一）正文

第二条 具有下列情形之一的固体废物（包括液态废物），列入本名录：

（1）具有毒性、腐蚀性、易燃性、反应性或者感染性等一种或者几种危险特性的。

（2）不排除具有危险特性，可能对生态环境或者人体健康造成有害影响，需要按照危险废物进行管理的。

【浅析】 条款（1）中明确了危险废物具有五种危险特性，即毒性、腐蚀性、易燃性、反应性和感染性，如果某固体废物（包括液态废物）具有其中一种或一种以上危险特性的，即列入名录当中；条款（2）中提到考虑到“可能对生态环境或人体健康”形成威胁，这样的废物需要按照危险废物进行管理。本条款也说明如果不在名录范围内的固体废物（包括液态废物），对其不排除具有某种危险特性的，应进行相应的鉴别程序后确定是否将其按照危险废物管理，与后面的条款内容相呼应。

第三条 列入本名录附录《危险废物豁免管理清单》中的危险废物，在所列的豁免环节，且满足相应的豁免条件时，可以按照豁免内容的规定实行豁免管理。

【浅析】 豁免清单制度的提出，是危险废物管理水平的巨大提升。列入豁免清单中的危险废物，本身不会因为某个环节被豁免而改变其危险废物的属性，它本身仍属于危险废物。而豁免本身也是有条件的，只有满足豁免条件，才能在特定的环节得到豁免，未被豁免的环节仍按照危险废物管理。豁免制度的落实，使得危险废物的管理更具有可操作性。

第四条　危险废物与其他物质混合后的固体废物，以及危险废物利用处置后的固体废物的属性判定，按照国家规定的危险废物鉴别标准执行。

【浅析】 这一条款给出了三种情况的判定，分别是对危险废物与其他固体废物混合后的固体废物、危险废物被资源化利用后产生的资源化产物以及危险废物被无害化处置后的产物的属性判定。针对这三种情况，应按照《危险废物鉴别标准　通则》（GB 5085.7—2019）中的“5 危险废物混合后判定规则”和“6 危险废物利用处置后判定规则”章节执行，详见本章第四节内容。

第五条　本名录中有关术语的含义如下：

（1）废物类别，是在《控制危险废物越境转移及其处置巴塞尔公约》划定的类别基础上，结合我国实际情况对危险废物进行的分类。

（2）行业来源，是指危险废物的产生行业。

（3）废物代码，是指危险废物的唯一代码，为 8 位数字。其中，第 1～3 位为危险废物产生行业代码（依据《国民经济行业分类（GB/T 4754—2017）》确定），第 4～6 位为危险废物顺序代码，第 7～8 位为危险废物类别代码。

（4）危险特性，是指对生态环境和人体健康具有有害影响的毒性（toxicity，T）、腐蚀性（corrosivity，C）、易燃性（ignitability，I）、反应性（reactivity，R）和感染性（infectivity，In）。

【浅析】 首先，本条第一款明确了我国危险废物的分类是在巴塞尔公约的基础上进行的划分；第二款中的“行业来源”是危险废物类别划分的一个重要依据：具有同种危险特性、同种危险成分，如果行业来源不同，对其类别的确定会不同，因此在判定某种危险废物的类别时，应先关注其行业来源；第三款中对废物代码进行了详细的说明，明确 8 位数字的来源与其代表的意义。目前在行业中无论是开具危险废物转移联单，或是环保部门要求产废企业和经营单位对危险废物的数量进行统计时，日常使用的均为 8 位废物代码，而非废物类别号。

第六条　对不明确是否具有危险特性的固体废物，应当按照国家规定的危险废物鉴别标准和鉴别方法予以认定。

经鉴别具有危险特性的，属于危险废物，应当根据其主要有害成分和危险特性确定所属废物类别，并按代码“900-000-××”（××为危险废物类别代码）进行归类管理。

经鉴别不具有危险特性的，不属于危险废物。

【浅析】 对于不排除具有“毒性、腐蚀性、易燃性、反应性”中一种或几种危险特性的固体废物，在《国家危险废物名录》的附表中又尚未提及的，则需要对该固体废物进行鉴别。对于固体废物危险特性的鉴别与判断，应按照《危险废物鉴别标准》（GB 5085.1～7）的系列标准和《危险废物鉴别技术规范》（HJ 298—2019）中的要求，取样、制样、检测、比较、判断。

第七条 本名录根据实际情况实行动态调整。

【浅析】 随着我国工业化发展进程加快，危险废物种类日趋增多，一个名录不能将所有产废情形、豁免情形一并包括，也不适应各行业的发展，因此在本次修订中，第一次提出了根据实际情况动态调整的要求，这也是我国危险废物管理日益进步的一个重要体现。

（二）附表

1. 附表正文

在我国，判断固体废物是否为危险废物，主要采用《国家危险废物名录》，依据其产生的行业和对废物本身的描述，对照名录中的附表内容进行比对、判断，因此附表是名录最核心的内容。附表由五个部分组成：①废物类别，即 HW 号；②行业来源，即依据《国民经济行业分类（GB/T 4754—2017）》划分的行业来源；③废物代码，即 8 位数字代码；④危险废物，即对此类别废物的详细描述；⑤危险特性，即危险废物的五种特性，用英文字母简写表示。

名录附表中的危险废物共有 46 个类别 467 种废物代码，危险废物类别从 HW01～HW50，其中删除了 HW41～HW44。在 2016 年修订的过程中，未将 2008 版名录中的废物类别号码重新排序，而是对应进行修改，其中的 HW41 和 HW42 合并到了 HW06 中，删除了 HW43 和 HW44，因此现行版名录中仍沿用 46 个类别。46 个废物类别有三种分类方式，从有害成分或元素上定义废物类别，如 HW21 含铬废物、HW29 含汞废物；从产生来源上定义废物类别，如 HW01 医疗废物、HW17 表面处理废物；从显著的危险特性来定义废物类别，如 HW15 爆炸性废物等。

使用该附表对固体废物是否属于危险废物进行判断时，可以先按照危险废物的分类方式进行初步判断，再按照行业来源并结合对危险废物的描述进行划分。

举例： 使用名录附表对某种含重金属污泥的危险废物进行属性判断和类别划分。

先查阅名录附表中是否含有这种重金属命名的类别，如果有，则从这一类别中查找，如果没有，则根据污泥的行业来源查找，通常即可进行类别划分。如果经过附录中的“危险废物”描述对比，仍无法准确进行类别划分，则需要根据实际情况，选择是否进行危险特性的鉴别。

另外，有些相同的危险废物因来自不同的行业而影响对其类别的划分。例如，废弃的汞血压计、汞温度计，如果是从医疗机构产生的，一般将其划分到“841-004-01 化学性废物”；如果是其他行业或机构产生的，一般将其划分到“900-024-29 生产、销售及使用过程中产生的废含汞温度计、废含汞血压计、废含汞真空表、废含汞压力计、废氧化汞电池和废汞开关”。由此可见，对危险废物进行类别划分时应多种因素同时考虑。

2. 附表注释

本次名录修订时，将 2016 年版名录正文中提到的“医疗废物分类按照《医疗废物分类目录》执行”移至附表的注释中。

医疗废物属于 HW01，共有 5 个废物代码，分别是感染性废物、病理性废物、损伤性废物、药物性废物和化学性废物，详见表 1-1。

表 1-1 医疗废物分类目录

类别	特征	常见组分或者废物名称
感染性废物	携带病原微生物具有引发感染性疾病传播危险的医疗废物	1.被病人血液、体液、排泄物污染的物品，包括： ① 棉球、棉签、引流棉条、纱布及其他各种敷料； ② 一次性使用卫生用品、一次性使用医疗用品及一次性医疗器械； ③ 废弃的被服； ④ 其他被病人血液、体液、排泄物污染的物品。 2.医疗机构收治的隔离传染病病人或者疑似传染病病人产生的生活垃圾。 3.病原体的培养基、标本和菌种、毒种保存液。 4.各种废弃的医学标本。 5.废弃的血液、血清。 6.使用后的一次性使用医疗用品及一次性医疗器械视为感染性废物
病理性废物	诊疗过程中产生的人体废弃物和医学实验动物尸体等	1.手术及其他诊疗过程中产生的废弃的人体组织、器官等。 2.医学实验动物的组织、尸体。 3.病理切片后废弃的人体组织、病理蜡块等
损伤性废物	能够刺伤或者割伤人体的废弃的医用锐器	1.医用针头、缝合针。 2.各类医用锐器，包括：解剖刀、手术刀、备皮刀、手术锯等。 3.载玻片、玻璃试管、玻璃安瓿等
药物性废物	过期、淘汰、变质或者被污染的废弃的药品	1.废弃的一般性药品，如：抗生素、非处方类药品等。 2.废弃的细胞毒性药物和遗传毒性药物，包括： ① 致癌性药物，如硫唑嘌呤、苯丁酸氮芥、萘氮芥、环孢霉素、环磷酰胺、苯丙氨酸氮芥、司莫司汀、三苯氧氨、硫替派等； ② 可疑致癌性药物，如：顺铂、丝裂霉素、阿霉素、苯巴比妥等； ③ 免疫抑制剂。 3.废弃的疫苗、血液制品等
化学性废物	具有毒性、腐蚀性、易燃易爆性的废弃的化学物品	1.医学影像室、实验室废弃的化学试剂。 2.废弃的过氧乙酸、戊二醛等化学消毒剂。 3.废弃的汞血压计、汞温度计

医疗废物中的感染性废物、病理性废物、损伤性废物是具有明显的感染性危险特性的废物，只能划分在 HW01 类废物中；而药物性废物、化学性废物中常见的一些危险废物，它的主要危险特性不限于感染性，还可能具有腐蚀性、易燃性、反应性等危险特性，随行业来源的不同，还可以划分到名录中其他的废物类别当中。例如药物性废物中的“1.废弃的一般性药品，如：抗生素、非处方类药品等”，如果不是来自卫生行业，则可以划分到 HW03 类中；化学性废物中的“1.医学影像室、实验室废弃的化学试剂”还可以划分到 HW49 类中；化学性废物中的“3.废弃的汞血压计、汞温度计”还可以划分到 HW29 类中。因此，对危险废物类别的划分，不仅要看它的危险特性，还要看它的行业来源。

从处置方式来看，医疗废物中的感染性废物、损伤性废物可以通过高温蒸煮、微波消毒、化学消毒等方式先进行灭菌消毒，再进行后续的焚烧或填埋处置，也可以不经过灭菌处理直接采用焚烧的方式处置；而药物性废物、化学性废物则不能采用常规的灭菌方式进行直接处置，要在其感染性能够得到有效控制的前提下，再针对其他危险特性选择适宜的处置方式，可见，准确划分危险废物类别十分重要。对于某些病理性废物，从人道主义角度考虑，不宜采用常规的危险废物处置方式。

需要特别指出：在感染性废物中“2.医疗机构收治的隔离传染病病人或者疑似传染病病人产生的生活垃圾”属于危险废物，这一点往往容易被忽视；豁免清单中指出，重大传染病疫情期间产生的医疗废物，按事发地的县级以上人民政府确定的处置方案进行运输、处置，运输和处置过程不按危险废物管理，可见，对于传染病疫情期间的医疗废物管理相对特殊；另外，损伤性废物的危险特性是“感染性”而不是“损伤性”，损伤性不属于危险废物的五种危险特性之一。

（三）危险废物豁免管理清单

现行版危险废物豁免管理清单（以下简称“清单”）是对 2016 年版清单的升级。“豁免”是指该危险废物在被豁免的环节可以不按危险废物进行管理。现行版清单中列出了 32 种危险废物豁免情形，分别规定这些危险废物在特定的豁免条件下，个别环节可以被豁免。

举例：第一种“生活垃圾中的危险废物”存在两种豁免条件。豁免条件一：未集中收集的家庭日常生活中产生的生活垃圾中的危险废物。因为它们分散在日常的生活垃圾中，这些危险废物会随着生活垃圾一起被运输和处置/利用掉，生活垃圾的运输单位和处置/利用单位无需危险废物经营资质，因此在这个豁免条件下，豁免内容是“全过程不按危险废物管理”。豁免条件二：按照各市、县生活垃圾分类要求，纳入生活垃圾分类收集体系进行分类收集，且运输工具和暂存场所满足分类收集体系要求。该豁免条件中提出“分类收集”“运输工具”“暂存场所”三个条件，只有三个条件均满足时，生活垃圾中的危险废物从分类投放点收集、转移到所设定的集中贮存点的收集过程不按照危险废物管理。收集之后，分类出来的危险废物则需要由具有运输和处置危险废物相关资质的单位进行后续处理。

现行版清单中完善了一些豁免内容，例如：第 6 条中对“900-003-04 农药使用后被废弃的与农药直接接触或含有农药残余物的包装物”的处理不同于之前的仅收集阶段的豁免，而是提出在满足《农药包装废弃物回收处理管理办法》中提到的收集、运输、资源化等要求的前提下，可以将收集、运输、利用过程豁免；第 7 条中“900-210-08 船舶含油污水及残油经船上或港口配套设施预处理后产生的需通过船舶转移的废矿物油与含矿物油废物”，如果按照水运污染危害性货物实施管理，则运输环节不按危险废物进行管理。通过这两个例子说明，如果相关行业具有详细的、具体的对环境风险和人体健康风险可控的管理规定，则清单中不会对其严格按照危险废物进行管理，从而简化了管理程序。

现行版清单中提出了 32 种豁免情形，其中前 31 种明确了豁免的危险废物具体种类，而第 32 种则提出“在环境风险可控的前提下，根据省级生态环境部门确定的方案，实施危险废物‘点对点’定向利用”，这一条将未列入豁免清单、又具有利用价值的危险废物进行了利用过程的豁免，是一个非常大的突破。在“点对点”定向利用豁免管理实施过程中，各省级生态环境部门可结合本地实际制定实施细则，组织开展相关工作。

现阶段，结合清单中的 32 种豁免情形，产废企业或危险废物经营单位应详细对照豁免条件，实施相应环节的豁免。需要强调的一点是，在不符合豁免条件时实施豁免是违法的行为。另一方面，清单中一些被豁免的危险废物，在实施豁免的过程中，也会遇到豁免过程执行不顺畅的问题，这就需要各地环境保护主管部门加快制定详细的实施细则进行规范和引导，确保豁免制度有效落实。

第四节　危险废物鉴别标准

有些废物是无法通过名录来进行归类、判断其危险废物属性，即便有些废物本身具有一种或几种危险特性，但是在名录中却找不到对应的类别，此时需要进行危险废物鉴别。对固体废物的危险特性开展鉴别时，均应按照危险废物鉴别系列标准和相关技术规范的要求实施。这一系列标准和规范互为补充，基本构建起我国的危险废物鉴别体系。

危险废物鉴别系列标准包括《危险废物鉴别标准 腐蚀性鉴别》(GB 5085.1)、《危险废物鉴别标准 急性毒性初筛》(GB 5085.2)、《危险废物鉴别标准 浸出毒性鉴别》(GB 5085.3)、《危险废物鉴别标准 易燃性鉴别》(GB 5085.4)、《危险废物鉴别标准 反应性鉴别》(GB 5085.5)、《危险废物鉴别标准 毒性物质含量鉴别》(GB 5085.6)、《危险废物鉴别标准 通则》(GB 5085.7)。

《危险废物鉴别标准》(GB 5085.1～6) 主要规定了某种具体危险特性或某种物质含量的鉴别标准和实验方法等。《危险废物鉴别标准 通则》(GB 5085.7) 明确了危险废物的鉴别程序、危险废物混合后的判定规则、危险废物利用处置后的判定规则。

《危险废物鉴别技术规范》(HJ 298—2019) 主要规定了在进行鉴别时，如何进行样品的采集、制样、样品的保存和预处理、样品检测、检测结果判断、质量保证与质量控制等内容。

一、《危险废物鉴别标准 通则》(GB 5085.7)

本标准在 2007 年首次发布，于 2019 年第一次修订，修订后进一步明确了危险废物的鉴别程序。与 2007 年版相比，在危险废物混合后的判定规则与危险废物处置利用后的判定规则两方面，新版本内容更加具有可操作性。

1. 危险废物鉴别程序

(1) 依据法律规定和《固体废物鉴别标准 通则》(GB 34330)，判断待鉴别的物品、物质是否属于固体废物，不属于固体废物的，则不属于危险废物。

(2) 经判断属于固体废物的，则首先依据《国家危险废物名录》鉴别。凡列入《国家危险废物名录》的固体废物，属于危险废物，不需要进行危险特性鉴别。

(3) 未列入《国家危险废物名录》，但不排除具有腐蚀性、毒性、易燃性、反应性的固体废物，依据 GB 5085.1～6，以及 HJ 298—2019 进行鉴别。凡具有腐蚀性、毒性、易燃性、反应性中一种或一种以上危险特性的固体废物，属于危险废物。

（4）对未列入《国家危险废物名录》且根据危险废物鉴别标准无法鉴别，但可能对人体健康或生态环境造成有害影响的固体废物，由国务院生态环境主管部门组织专家认定。

2. 危险废物混合后判定规则

（1）具有毒性、感染性中一种或两种危险特性的危险废物与其他物质混合，导致危险特性扩散到其他物质中，混合后的固体废物属于危险废物。

（2）仅具有腐蚀性、易燃性、反应性中一种或一种以上危险特性的危险废物与其他物质混合，混合后的固体废物经鉴别不再具有危险特性的，不属于危险废物。

（3）危险废物与放射性废物混合，混合后的废物应按照放射性废物管理。

3. 危险废物利用处置后判定规则

（1）仅具有腐蚀性、易燃性、反应性中一种或一种以上危险特性的危险废物利用过程和处置后产生的固体废物，经鉴别不再具有危险特性的，不属于危险废物。

（2）具有毒性危险特性的危险废物利用过程产生的固体废物，经鉴别不再具有危险特性的，不属于危险废物。除国家有关法规、标准另有规定的外，具有毒性危险特性的危险废物处置后产生的固体废物，仍属于危险废物。

（3）除国家有关法规、标准另有规定的外，具有感染性危险特性的危险废物利用处置后，仍属于危险废物。

举例：某工业废水处理厂，处置后的中水含盐量较高，因此通过多效蒸发的方式，将中水里的盐蒸发出来。那么经过结晶的盐类是否属于危险废物？如果属于危险废物，归属于危险废物的哪一种类？

针对上述情况，从工业废水处置后的中水里结晶出的废盐，可能会含有一些重金属离子等，可能会具有毒性，因此需要对其进行危险废物属性的鉴别，根据《危险废物鉴别标准 通则》的要求，应分步骤进行判断。

第一步：判断该废盐是否属于固体废物。根据固废法中“固体废物”的定义，该废盐未经无害化的加工处理，因此可以判断此废盐属于固体废物，则进入下一步的判断。

第二步：判断该废盐是否列入《国家危险废物名录》现行版本。根据2021年版名录的附表，比对行业来源和危险废物描述，没有找到与此废物产生工艺描述一致且行业来源一致的危险废物，因此，通过现行版名录无法确定其危险废物的属性，则需要进一步判断。

第三步：判断该废盐是否具有某种危险特性。首先采用排除法，排除掉该废盐一定不具有的危险特性，再针对其他可能具有的危险特性进行鉴别。

先排除其是否具有腐蚀性和反应性，因为此特性较容易判断，再根据废盐的产生来源，不排除其具有毒性，因此对其毒性进行鉴别。根据《危险废物鉴别标准 浸出毒性鉴别》的要求，结合废盐产生工艺确定目标污染物组分，然后进行检测。如果通过检测发现，某目标重金属含量高于标准中“表1浸出毒性鉴别标准值”，则判断此废盐属于危险废物，它的类别归属应按照名录正文中的第六条“经鉴别具有危险特性的，属于危险废物，应当根据其主要有害成分和危险特性确定所属废物类别，并按代码‘900-000-××’（××为危险废物类别代码）进行归类管理”；如果几个目标污染物组分的测定值均不高于标准值，则暂时不能判断其为危险废物，如果有必要还需进一步判断。

第四步：同第三步的方法，如果通过浸出毒性检测仍未确定其危险废物属性，但不排除此废盐具有某有毒物质，则应根据《危险废物鉴别标准 毒性物质含量鉴别》进行检测，根据标准中的数值进行对比，确定其危险废物属性，然后再确定所属类别。

第五步：在上述检测和鉴别的过程中，如果检测到一个指标能够确定其危险废物的属性，则无需再进行其他特性的鉴别检测，到此鉴别工作结束。如有其他特殊要求时，可按照要求开展鉴别活动。

二、《危险废物鉴别标准》（GB 5085.1～6）

（一）《危险废物鉴别标准 腐蚀性鉴别》（GB 5085.1）

对于腐蚀性的鉴别，标准中要求采用玻璃电极法对腐蚀性进行检测，当 pH 值≥12.5，或者≤2.0 时，则该废物是具有腐蚀性的危险废物。

（二）《危险废物鉴别标准 急性毒性初筛》（GB 5085.2）

本标准中提出了口服毒性半数致死量（LD_{50}）、皮肤接触毒性半数致死量（LD_{50}）和吸入毒性半数致死浓度（LC_{50}），用这三个指标来衡量物质的危险废物属性。

标准要求，符合下列条件之一的即是危险废物：

（1）经口摄取：固体 $LD_{50}\leqslant$200mg/kg，液体 $LD_{50}\leqslant$500mg/kg；

（2）经皮肤接触：$LD_{50}\leqslant$1000mg/kg；

（3）蒸汽、烟雾或粉尘吸入：$LC_{50}\leqslant$10mg/L。

用于鉴别急性毒性的各指标，标准中对它们的定义如下：

（1）口服毒性半数致死量：是经过统计学方法得出的一种物质的单一计量，可使青年白鼠口服后，在 14 天内死亡一半的物质剂量。

（2）皮肤接触毒性半数致死量：是使白兔的裸露皮肤持续接触 24 小时，最可能引起这些试验动物在 14 天内死亡一半的物质剂量。

（3）吸入毒性半数致死浓度：是使雌雄青年白鼠连续吸入 1 小时，最可能引起这些试验动物在 14 天内死亡一半的蒸汽、烟雾或粉尘的浓度。

从本标准的鉴别方法可以看出，任何一个指标的鉴别时间均不会少于 14 天，因此本方法不适用于环境应急需求时的鉴别。

（三）《危险废物鉴别标准 浸出毒性鉴别》（GB 5085.3）

浸出毒性是指固体废物遇水浸沥，浸出的有害物质迁移转化、污染环境，这种危害特性称为浸出毒性。浸出毒性是危险废物鉴别的重要特性之一，亦是危险废物鉴别和管理过程中的一个重要法定指标。因此，应该选择一个合适的方法测定固体废物的浸出毒性，进一步确定其危险废物属性。

本标准要求，按照《固体废物 浸出毒性浸出方法 硫酸硝酸法》（HJ/T 299—2007）制备的固体废物浸出液中任何一种危害成分含量超过表 1-2 中所列的浓度限值，则判定该固体废物是具有浸出毒性特征的危险废物。

表 1-2 浸出毒性鉴别标准值

序号	危害成分项目	浸出液中危害成分浓度限值/(mg/L)
无机元素及化合物		
1	铜(以总铜计)	100
2	锌(以总锌计)	100
3	镉(以总镉计)	1
4	铅(以总铅计)	5
5	总铬	15
6	铬(六价)	5
7	烷基汞	不得检出
8	汞(以总汞计)	0.1
9	铍(以总铍计)	0.02
10	钡(以总钡计)	100
11	镍(以总镍计)	5
12	总银	5
13	砷(以总砷计)	5
14	硒(以总硒计)	1
15	无机氟化物(不包括氟化钙)	100
16	氰化物(以 CN^- 计)	5
有机农药类		
17	滴滴涕	0.1
18	六六六	0.5
19	乐果	8
20	对硫磷	0.3
21	甲基对硫磷	0.2
22	马拉硫磷	5
23	氯丹	2
24	六氯苯	5
25	毒杀芬	3
26	灭蚁灵	0.05
非挥发性有机化合物		
27	硝基苯	20
28	二硝基苯	20
29	对硝基氯苯	5
30	2,4-二硝基氯苯	5
31	五氯酚及五氯酚钠(以五氯酚计)	50
32	苯酚	3
33	2,4-二氯苯酚	6
34	2,4,6-三氯苯酚	6
35	苯并[a]芘	0.0003

续表

序号	危害成分项目	浸出液中危害成分浓度限值/(mg/L)
非挥发性有机化合物		
36	邻苯二甲酸二丁酯	2
37	邻苯二甲酸二辛酯	3
38	多氯联苯	0.002
挥发性有机化合物		
39	苯	1
40	甲苯	1
41	乙苯	4
42	二甲苯	4
43	氯苯	2
44	1,2-二氯苯	4
45	1,4-二氯苯	4
46	丙烯腈	20
47	三氯甲烷	3
48	四氯化碳	0.3
49	三氯乙烯	3
50	四氯乙烯	1

注："不得检出"指甲基汞＜10ng/L，乙基汞＜20ng/L。

在进行废物浸出毒性的鉴别前，应首先了解此废物的产生工艺、原料特点，进一步可以了解此废物可能含有的有毒物质或成分，进而确定有针对性的鉴别方案。上表中将鉴别的危害成分分成四类：无机元素及化合物、有机农药类、非挥发性有机化合物、挥发性有机化合物。开展浸出毒性鉴别时，先从最可能含有的危害成分开始鉴别。

举例：某废物最可能含有无机元素及化合物，则应从这一项开始鉴别，经过鉴别发现某一种物质浓度已经高于表1-2的限值，则鉴别工作结束；如果该物质浓度未达到表1-2指标限值，则鉴别属性相同的其他可能存在的项目指标；如果该废物中可能存在的所有危害成分浓度均低于上表数值，则该废物不具有浸出毒性。

（四）《危险废物鉴别标准 易燃性鉴别》（GB 5085.4）

废物易燃性的鉴别，是将废物分为液态、固态和气态三种物质状态进行易燃性的鉴别，对于每一种状态都有对应的易燃性鉴别方法，分别是判断其液态物质闪点、固态物质是否因摩擦或自发性燃烧而起火和气态物质易燃范围。

对于不同状态的物质易燃性鉴别，本标准中给出了详细的鉴别标准，只要符合下列任何条件之一，固体废物属于易燃性危险废物。

（1）液态易燃性危险废物：闪点温度低于60℃（闭杯试验）的液体、液体混合物或含有固体物质的液体。

（2）固态易燃性危险废物：在标准温度和压力（25℃，101.3kPa）下因摩擦或自发性燃烧而起火，经点燃后能剧烈而持续地燃烧并产生危害的固态废物。

（3）气态易燃性危险废物：在20℃、101.3kPa状态下，与空气的混合物中体积百分比小于13%时可点燃的气体；或者在该状态下，不论易燃下限如何，与空气混合，易燃范围的易燃上限与易燃下限之差大于或等于12个百分点的气体。

用于鉴别易燃性的各个指标，标准中对它们的定义如下：

（1）闪点：指在标准大气压（101.3kPa）下，液体表面上方释放出的易燃蒸气与空气完全混合后，可以被火焰或火花点燃的最低温度。

（2）易燃下限：可燃气体或蒸气与空气（或氧气）组成的混合物在点火后可以使火焰蔓延的最低浓度，以%表示。

（3）易燃上限：可燃气体或蒸气与空气（或氧气）组成的混合物在点火后可以使火焰蔓延的最高浓度，以%表示。

（4）易燃范围：可燃气体或蒸气与空气（或氧气）组成的混合物能被引燃并传播火焰的浓度范围，通常以可燃气体或蒸气在混合物中所占的体积百分数表示。

（五）《危险废物鉴别标准 反应性鉴别》（GB 5085.5）

针对废物反应性的鉴别，可以归纳为两种类型，分别是针对是否具有爆炸性或化学反应活泼性进行鉴别。在本标准中对这两种类型列出了三种具体形态，分别是具有爆炸性质、与水或酸接触产生易燃气体或有毒气体、废弃氧化剂或有机过氧化物，其中后两种属于化学反应性质活泼的物质。

本标准中规定，符合下列任何条件之一的固体废物，属于反应性危险废物。

（1）具有爆炸性质。

① 常温常压下不稳定，在无引爆条件下，易发生剧烈变化。

② 标准温度和压力下（25℃，101.3kPa），易发生爆轰或爆炸性分解反应。

③ 受强起爆剂作用或在封闭条件下加热，能发生爆轰或爆炸反应。

（2）与水或酸接触产生易燃气体或有毒气体。

① 与水混合发生剧烈化学反应，并放出大量易燃气体和热量。

② 与水混合能产生足以危害人体健康或环境的有毒气体、蒸汽或烟雾。

③ 在酸性条件下，每千克含氰化物废物分解产生≥250mg氰化氢气体，或者每千克含硫化物废物分解产生≥500mg硫化氢气体。

（3）废弃氧化剂或有机过氧化物。

① 极易引起燃烧或爆炸的废弃氧化剂。

② 对热、震动或摩擦极为敏感的含过氧基的废弃有机过氧化物。

针对爆炸性的鉴别，往往需要通过专门的机构进行鉴定，常规的检测实验室不具备鉴别能力。另外两种情形的鉴别，大多数情况下可以通过所掌握的知识及一些化学常识便能做出判断，无需进行实验室鉴别。例如，废弃的金属钠，无需鉴别即可判断它属于“（2）与水或酸接触产生易燃气体或有毒气体”，因为从化学学习可知碱金属元素一族均与水反应放出氢气。

（六）《危险废物鉴别标准 毒性物质含量鉴别》（GB 5085.6）

在鉴别体系的几个标准中，毒性物质含量鉴别的内容最多，因为该标准中将剧毒物质名录、有毒物质名录、致癌性物质名录、致突变性物质名录、生殖毒性物质名录、持久性有机污染物名录中的所有物质均列入毒性物质的行列，涵盖的毒性物质范围广、种类多。

在本标准中，符合下列条件之一的固体废物是危险废物。

（1）含有本标准附录 A 中的一种或一种以上剧毒物质的总含量≥0.1%。

（2）含有本标准附录 B 中的一种或一种以上有毒物质的总含量≥3%。

（3）含有本标准附录 C 中的一种或一种以上致癌性物质的总含量≥0.1%。

（4）含有本标准附录 D 中的一种或一种以上致突变性物质的总含量≥0.1%。

（5）含有本标准附录 E 中的一种或一种以上生殖毒性物质的总含量≥0.5%。

（6）含有本标准附录 A 至附录 E 中两种及以上不同毒性物质，如果符合下列等式，按照危险废物管理：

$$\sum\left[\left(\frac{P_{T^+}}{L_{T^+}}+\frac{P_T}{L_T}+\frac{P_{Carc}}{L_{Carc}}+\frac{P_{Muta}}{L_{Muta}}+\frac{P_{Tera}}{L_{Tera}}\right)\right]\geqslant 1$$

式中　P_{T^+}——固体废物中剧毒物质的含量；

P_T——固体废物中有毒物质的含量；

P_{Carc}——固体废物中致癌性物质的含量；

P_{Muta}——固体废物中致突变性物质的含量；

P_{Tera}——固体废物中生殖毒性物质的含量；

L_{T^+}、L_T、L_{Carc}、L_{Muta}、L_{Tera}——分别为各种毒性物质在（1）～（5）中规定的标准值。

（7）含有本标准附录 F 中的任何一种持久性有机污染物（除多氯二苯并对二噁英、多氯二苯并呋喃外）的含量≥50μg/kg。

（8）含有多氯二苯并对二噁英和多氯二苯并呋喃的含量≥15μgTEQ/kg。

其中，附录 A～F 分别是《剧毒物质名录》《有毒物质名录》《致癌性物质名录》《致突变性物质名录》《生殖毒性物质名录》《持久性有机污染物名录》。

在前述的六个鉴别标准中，毒性物质含量鉴别与浸出毒性鉴别比较类似，相似之处在于均是对某种有毒物质或某种元素的含量进行测定，通过与标准中要求的限值进行比较，进而确定其是否具有危险特性。不同之处在于，毒性物质含量鉴别中针对的是某种固体废物裸露在环境中，它内部含有可能对人体健康和环境安全带来不利影响的有毒物质，需要对这些有毒物质的量进行检测，进而确定其是否具有危险特性；而浸出毒性鉴别往往是针对某固体废物存放在环境当中，随着时间的推移遇水浸沥，其中的有毒物质迁移转化而污染环境，所以浸出毒性鉴别是要模拟自然环境，对固体废物的浸出液进行检测，而非对固体废物本身进行直接检测。

三、《危险废物鉴别技术规范》(HJ 298—2019)

在危险废物鉴别体系当中，《危险废物鉴别标准 通则》提出了鉴别过程的总体要求和思路，“六个鉴别标准”指出废物应鉴别的特性和指标以及是否属于危险废物的指标限值规定，“技术规范”为“六个鉴别标准”起到了技术支撑的作用，细化了检测样品取样及管理的相关内容。

本技术规范于2007年首次发布，于2019年第一次修订，修订后进一步细化了危险废物鉴别的采样对象、份样数、采样方法、样品检测、检测结果判断等技术要求，增加了环境事件涉及的固体废物危险特性鉴别的采样、检测、判断等技术要求，是对危险废物鉴别系列标准的有益补充。

1. 采样对象的确定

要取到具有代表性的样品，应确定待采集样品的来源。

（1）如果固体废物已经从生产线下来单独存放，禁止将不同产生源的固体废物混合，应单独采样。

（2）生产原辅料、工艺路线、产品均相同的两个或两个以上生产线，可以采集单条生产线产生的固体废物代表该类固体废物。

（3）固体废物为《固体废物鉴别标准 通则》所规定的丧失原有使用价值的物质时，每类物质作为一类固体废物，分别采样。

（4）固体废物为《固体废物鉴别标准 通则》所规定的环境治理和污染控制过程中产生的物质，应在污染控制设施的污染物来源、设施运行负荷和效果稳定的生产期采样。

（5）应根据环境治理和污染控制工艺流程，对不同工艺环节产生的固体废物分别进行采样。

（6）环境治理和污染控制及生产、服务、维修过程中产生的固体废物，应尽量能够保证固体废物原有的状态，按照类别和污染特性，分别采样。

2. 份样数的确定

危险废物鉴别一般均需根据待鉴别固体废物的质量确定采样份样数，表1-3为需要采集的固体废物的最小份样数。如果固体废物为污水处理污泥，或贮存于大型容器中的液态废物，或非法倾倒、转移等环境事件产生的固体废物，可不参照表1-3的要求确定最小份样数，并适当减少废物的取样数。

表1-3 固体废物采集的最小份样数

固体废物质量(以 q 表示)/t	最小份样数/个
$q \leq 5$	5
$5 < q \leq 25$	8
$25 < q \leq 50$	13
$50 < q \leq 90$	20
$90 < q \leq 150$	32
$150 < q \leq 500$	50
$500 < q \leq 1000$	80
$q > 1000$	100

3. 份样量的确定

应满足分析操作的需要，依据固态废物的原始颗粒最大粒径，不小于表1-4中规定的质量。

表 1-4　不同颗粒直径的固态废物的一个份样所需采集的最小份样量

原始颗粒最大粒径（以 d 表示）/cm	最小份样量/g
$d \leqslant 0.50$	500
$0.50 < d \leqslant 1.0$	1000
$d > 1.0$	2000

4. 采样方法

固体废物采样工具、采样程序、采样记录和盛样容器参照《工业固体废物采样制样技术规范》（HJ/T 20）的要求进行，固体废物采样安全措施参照《工业用化学产品采样安全通则》（GB/T 3723）。在采样过程中应采取措施防止危害成分的损失、交叉污染和二次污染。

5. 检测结果判断

按照表 1-3 确定样品份样数时，对固体废物样品进行检测后，检测结果超过《危险废物鉴别标准》（GB 5085.1～6）中相应标准限值的份样数大于或者等于表 1-5 中的超标份样数限值，即可判定该固体废物具有该种危险特性。未按照表 1-3 确定样品份样数时，检测结果超过 GB 5085.1～6 中相应标准限值的份样数大于或者等于 1，即可判定该固体废物具有该种危险特性。

表 1-5　检测结果判断方案

份样数	超标份样数限值	份样数	超标份样数限值
5	2	32	8
8	3	50	11
13	4	80	15
20	6	≥100	22

如果采集的固体废物份样数与表 1-5 中的份样数不符，按照表 1-5 中与实际份样数最接近的较小份样数进行结果判断。在进行毒性物质含量危险特性判断时，当同一种毒性成分在一种以上毒性物质中存在时，以分子量最高的物质进行计算和结果判断。

6. 环境事件涉及的固体废物危险特性鉴别技术要求

应根据所能收集到的环境事件资料和现场状况，尽可能对固体废物的来源进行分析，识别固体废物的组成和种类，分类开展鉴别。对产生来源明确和不明确的固体废物采用不同的方法进行鉴别。

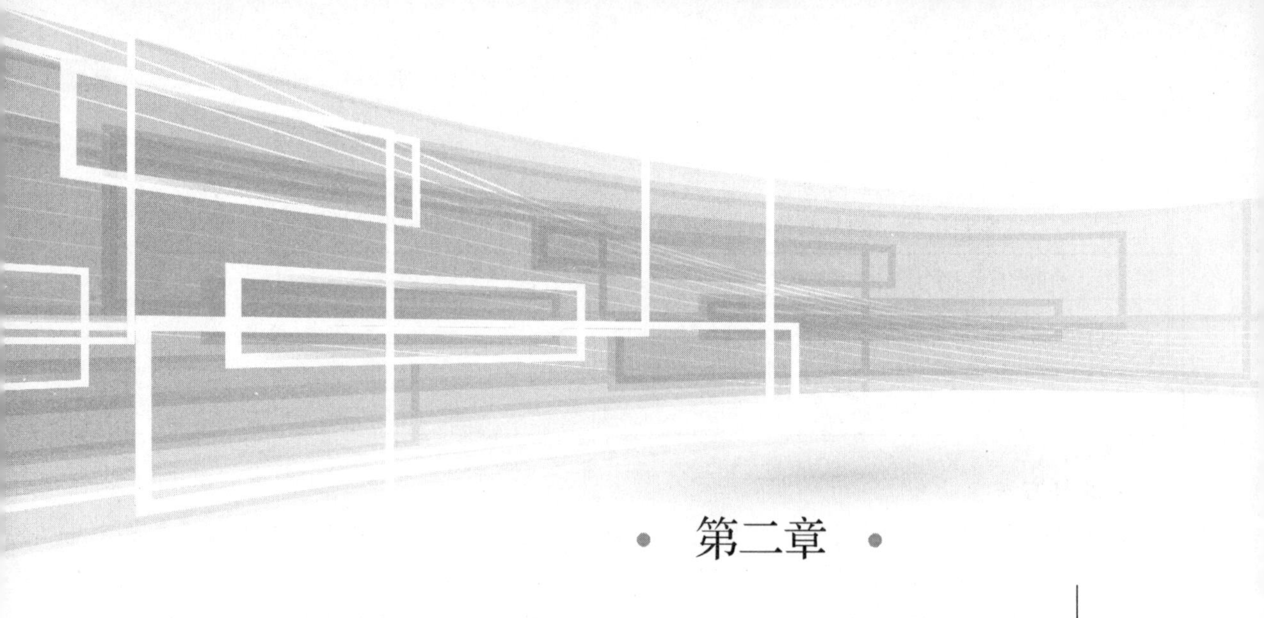

第二章 我国危险废物管理与行业发展概览

第一节 我国危险废物管理情况回顾

一、危险废物初期管理

《控制危险废物越境转移及其处置巴塞尔公约》简称“巴塞尔公约”，由联合国环境规划署于1989年3月22日在瑞士巴塞尔召开的世界环境保护会议上通过，并于1992年5月正式生效，1995年9月22日在日内瓦通过了巴塞尔公约的修正案。已有100多个国家签署了这项公约，中国于1990年3月22日在该公约上签字，正式成为巴赛尔公约的缔约国之一。1991年9月4日，全国人大常委会决定批准该公约，1992年5月5日该公约生效，同年5月20日，我国通知巴赛尔公约秘书处，中国执行该公约的主管部门是国家环境保护总局，同年8月20日该公约对我国生效。巴赛尔公约中的附件一“应加控制的废物类别废物组别”和附件三“危险特性的清单”也是我国《国家危险废物名录》的编制基础。

1990年，我国在巴赛尔公约上签字，意味着我国对危险废物管理进入一个新的时代。在此之前，原国家环保总局污染物排放总量控制司于1985年成立了“化学品和固体废物管理处”，由此我国开始对固体废物（包括危险废物）进行管理，但是直到1995年，全国固体废物申报登记结果中才出现危险废物统计数字，而且统计数字中未包括混入居民生活垃圾和众多科研院所、大专院校产生的危险废物。自1998年1月开始，中国危险废物管理培训及技术转让中心与丹麦科威公司合作，在世界银行的资助下，开展了我国危险废物管理国家战略方案研究，提出国家级战略性部署，开展了中国危险废物管理国家行动方案及决策支持信息系统研究，提出了国家级行动步骤，自此中国正式进入对危险废物全面管理的时代。

二、危险废物常态化管理

2003 年“非典”疫情在全国爆发之后，国务院随即颁布了《全国危险废物和医疗废物处置设施建设规划》，要求全国新建 31 个综合性危险废物处置中心，满足当地基本的医疗废物和危险废物的处置需求，此时危险废物管理才开始广泛地进入大众的视野。随着一系列法律法规的出台，国家对环保工作的管理力度不断加大，危险废物的管理已经成为企业环保管理中的一项日常工作。随之而来的危险废物经营项目建设不断进入各省、市、自治区的环境保护规划中，特别是各级环境保护主管部门对危险废物经营单位的监督检查力度大大提高。

1.“十三五”之前

从 2003 年到“十三五”之前，我国的危险废物管理处在常态化管理的初期，一些总体性、指导性的标准规范文件相继出台，包括 2010 年之前出台的《危险废物经营单位记录和报告经营情况指南》《危险废物焚烧污染控制标准》《危险废物集中焚烧处置工程建设技术规范》《危险废物填埋污染控制标准》《危险废物安全填埋处置工程建设技术要求》《危险废物贮存污染控制标准》等，在 2010 年之后陆续出台《水泥窑协同处置固体废物污染控制标准》《水泥窑协同处置固体废物环境保护技术规范》《工业废盐酸的处理处置规范》和《生态环境损害赔偿制度改革试点方案》等。我国全面推进危险废物管理体系建设，危险废物常态化管理的雏形已基本形成。

2.“十三五”以来

进入“十三五”之后，我国的危险废物管理更加精细化和专业化，陆续出台了《危险废物产生单位管理计划制定指南》《水泥窑协同处置危险废物经营许可证审查指南（试行）》《“十三五”生态环境保护规划》《“十三五”全国危险废物规范化管理督查考核工作方案》《关于聚焦长江经济带 坚决遏制固体废物非法转移和倾倒专项行动方案》《关于坚决遏制固体废物非法转移和倾倒 进一步加强危险废物全过程监管的通知》《中共中央国务院关于全面加强生态环境保护 坚决打好污染防治攻坚战的意见》《关于协同加强废矿物油再生油品税收管理的通知》《绿色产业指导目录（2019）》《危险废物“三个能力”建设指导意见》等。一些不适应当前发展的标准规范也陆续进行修订，例如，《危险废物填埋污染控制标准》在 2019 年进行修订，《危险废物焚烧污染控制标准》在 2020 年进行修订。随着我国危险废物行业的发展，危险废物处置的各种新技术得到广泛应用，2018 年出台了《工业废硫酸的处理处置规范》，2020 年出台了《砷渣稳定化处置工程技术规范》《芬顿氧化法废水处理工程技术规范》等。我国危险废物常态化管理稳步推进，推动行业进入快速发展时期。

三、相关重要法律法规介绍

一个行业的发展，需要相关法律法规和政策支撑，从巴赛尔公约签订到 1996 年编制危险废物鉴别系列标准，再到1998年第一版《国家危险废物名录》出台，危险废物管理逐渐进入大众的视野。2000年左右，国家有关部委、相关行业协会陆续发布了相关的法律、法规、标准、规范等，随着行业的不断发展，这些内容也被不断修订。特别是近几年，《中华人民共和国环境保护法》（以下简称“环保法”）、“两高”司法解释等发布，《危险废物经营许可证管理办法》《危险废物转移联单管理办法》《生活垃圾焚烧飞灰污染控制技术规范》等陆续发布了改版征求意见稿，《危险废物填埋污染控制标准》《危险废物鉴别标准 通则》《危险废物鉴别技术规范》在2019年发布了修订版本，《中华人民共和国固体废物污染环境防治法》（以下简称“固废法”）《国家危险废物名录》《危险废物焚烧污染控制标准》在2020年发布了修订版本，同时，还有一些新的虽尚未发布、但已处于研究和编制阶段的标准，如《固体废物玻璃化处理产物技术要求》等。

（一）相关法律和部门规章

对于危险废物行业而言，环保法和固废法是两项基本大法，是开展危险废物管理和经营活动的基本依据。依照两法的基本要求，生态环境部、公安部、交通运输部等部委又分别制定了多项部门规章，包括《危险废物转移联单管理办法》《排污许可证管理办法》《道路危险货物运输管理规定》《危险货物道路运输安全管理办法》等。

1.《中华人民共和国环境保护法》

原环保法于1989年12月26日通过并公布，现行的环保法于2014年4月24日修订通过并予公布，于2015年1月1日起施行。时隔25年第一次修订，环保法的立法理念有了提升，从“经济优先，促经济发展”变成了“促进生态文明建设，绿水青山就是金山银山”；监管模式升级，从之前的“点源监管”即对排污企业监管，到新环保法的“点面共同监管”，不只对排污企业监管，还对可能造成污染的流域、区域进行监管；环境保护各方责任得到强化，倡导多元共治；新增了信息公开和公众参与内容。新环保法实施以来，由于其采取了“行政拘留”“按日计罚”等多种强制手段，也被称为“史上最严环保法”。

2.《中华人民共和国固体废物污染环境防治法》

新修订的固废法于2020年9月1日开始实施，共9章126条，主要修订的内容包括：统筹把握减量化、无害化和资源化的关系，明确各方责任促进固体废物协同管理，为生态文明体制改革提供法律支撑，综合运用手段深化固体废物管理。特别是在综合运用手段深化固体废物管理方面，对于现有法律无罚则的条款，在新修订版本中增加了罚则，例如“未依法取得排污许可证，或者未按照排污许可证要求管理所产生的工业固体废物或危险废物的”，新增罚则后直接处罚（2～20）万；还有的是加重了惩罚力度，例如“不设置危险废物识别标志的”，由原来罚款（1～10）万提高到（2～20）万。

3.《危险废物转移联单管理办法》

原环保部发布的《危险废物转移联单管理办法》，是我国危险废物管理史上一项重大的进步。早期国家对危险废物的管理停留在制度体系下的总体管理思路、管理理念，而这项部门规章的内容能够具体到执行层面，直到现在仍然对危险废物经营单位的工作具有指导意义。

《危险废物转移联单管理办法》于1999年5月31日经原环保部会议讨论通过，自

1999 年 10 月 1 日起施行，于 2017 年底发布了《危险废物转移联单管理办法》（修订草案）(征求意见稿)。本办法主要规定了危险废物在转移的过程中，应该使用多联形式的危险废物转移联单，危险废物的移出单位、移出地环保部门、运输单位、接收单位、接收地环保部门都应有联单留存，同时危险废物在转移的过程中要随车携带危险废物转移联单。在征求意见稿中，结合了同期已经使用的《国家危险废物名录》中豁免清单的要求，对本办法做出了适当的调整，同时新提出了“投保环境污染强制责任险”，强化了“危险废物移出者”“危险废物运输者”和“危险废物接受者”应承担的责任，进一步明确了危险废物跨省、自治区、直辖市转移的工作流程和所需资料清单等。虽然最新版的《危险废物转移联单管理办法》尚未发布，但是现阶段全国大部分省、自治区和直辖市已经使用电子转移联单，简化了原有的工作流程，为工作带来了较大的方便。

（二）规范性文件和标准规范

上述法律法规、部门规章是从宏观上提出对一般固体废物、危险废物管理的要求，行业对危险废物的管理如何落地，仍然需要国务院、各部委出台相关的规范性文件，以鼓励、支持、规范环保产业的健康发展，仍然需要一系列标准来指导行业的良性发展。下面列举几个对行业发展有较大影响的规范性文件和标准规范。

1.《危险废物经营单位记录和报告经营情况指南》

本指南于 2009 年 10 月 29 日发布，是专门针对危险废物经营单位发布的文件。2003 年“非典”疫情期间，国家要求全国 31 个省、自治区、直辖市建立综合性危险废物处置中心，到 2009 年，这批项目中已经有一些项目建设完成并投入运营，却缺少经营和管理的经验，因此本指南的发布在当时具有非常重要的意义。

本指南主要包括危险废物经营记录的基本要求、危险废物经营记录的基本内容和危险废物经营情况报告的基本要求及内容三部分。危险废物经营单位可以按照指南要求构建起企业的基本管理体系框架。本指南的基本要求主要有以下几点：

（1）跟踪记录危险废物在危险废物经营单位内部运转的整个流程，确保危险废物经营单位掌握任何时候各危险废物的贮存数量和贮存地点，利用和处置数量、时间和方式等。

（2）跟踪记录危险废物在危险废物经营单位内部整个运转流程中，相关保障经营安全的规章制度、污染防治措施和事故应急救援措施的实施情况。

（3）危险废物经营情况的记录要求应当分解落实到经营单位内部的运输、贮存（或物流）、利用（处置）、实验分析和安全环保等相关部门，各项记录应由相关经办人签字。危险废物经营单位可根据实际情况，对本指南规定的内容予以修改或精简。

（4）有关记录应当分类装订成册，由专人管理，防止遗失，以备环保部门检查。有条件的单位应当采用信息软件进行辅助管理。

按照上述要求，结合本指南中已经提供的各种记录样式，企业内部符合环保要求的管理体系、记录体系便能够搭建起来。对于一个刚刚进入运营阶段的危险废物经营单位来说，该指南的学习参考价值很高。

2.《危险废物填埋污染控制标准》

垃圾填埋场最初是用来处理生活垃圾，随着我国对环保工作的重视，填埋场也成为危险废物的一个重要处置地，危险废物的填埋标准也应运而生。

本标准从首次发布到第一次修订经历了18年的时间，2019年的修订版本相比之前有了较大的变化。首先，原标准中只有一种类型的填埋场（柔性填埋场），而2019年版标准中又细分出了刚性填埋场，两种填埋场从选址、设计、施工要求、适用入场的危险废物种类和成分含量都有很大的区别；其次，2019年版标准中对进入柔性填埋场的废物入场要求更加严格，例如对含水率的要求提高到了“要低于60%”，新增了水溶性盐总量“要小于10%”和有机质含量“要小于5%”两项指标的要求；第三，相对于柔性填埋场来说，刚性填埋场的危险废物入场条件、选址要求宽松了很多，因为2019年版标准中对刚性填埋场提出了高标准的建场要求，包括细化每个填埋单元的尺寸、强化填埋场的结构等；第四，对填埋场废水污染物的排放要求，无论从检测项目还是排放限值都变得更加严格；第五，对危险废物填埋场运行及监测技术要求做了进一步完善。

3.《水泥窑协同处置污染控制标准》

20世纪90年代，我国有了第一条水泥窑协同处置固体废物生产线。由于当时我国对危险废物管理刚刚起步，各项法律法规和标准体系尚未完善，所以水泥窑协同处置在第一条处置线问世后的20年里几乎没有什么发展。直到近几年，国家环境监管趋严，危险废物处置缺口进一步扩大，危险废物处置设施大规模建设，以投资少、见效快、运营成本低为特点的水泥窑协同处置技术再次成为行业关注的焦点。水泥窑协同处置固体废物的系列标准从2013年起陆续颁布实施，其中包括《水泥窑协同处置污染控制标准》。本标准现行版本为2013年首次发布的版本。

本标准中明确了用于协同处置固体废物的水泥窑本身应满足的5个条件，包括单线熟料生产规模不应小于每天2000吨的新型干法水泥窑、采用窑磨一体机模式、水泥窑及窑尾余热利用系统采用高效布袋除尘器作为烟气除尘设施、协同处置危险废物的水泥窑焚毁去除率不应小于99.9999%、水泥窑本身在改造前应连续两年达到GB 4915的排放要求。

虽说水泥窑协同处置的体量较大、适应性较强，但是因水泥窑窑体本身和水泥熟料产品的限制，对于待处置的废物种类也提出了明确的要求，爆炸物及反应性废物等多种类型的危险废物不能进入水泥窑协同处置。

本标准中同时还提出了设施的运行技术要求，污染物排放限值，水泥产品污染物控制、监测要求，水泥窑协同处置危险废物设施的性能测试等。

第二节 我国危险废物行业发展概述

一、危险废物的来源与变化趋势

（一）危险废物产生量迅速增长

我国是危险废物产生大国，随着城市化进程和工业化进程的加快，固体废物和危险废物的产生量也迅速增长。1981～1988 年，我国工业固体废物以每年 8%～15%的速度增长，1989～2000 年，年增长率为 2%～5%，而近几年，增长率又呈现 10%～30%的快速增长水平。

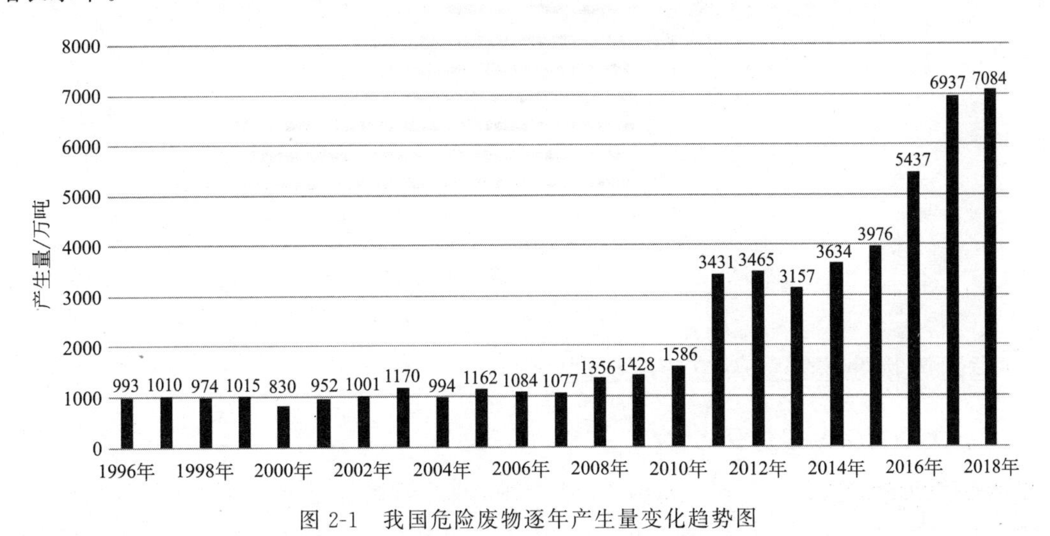

图 2-1　我国危险废物逐年产生量变化趋势图

图 2-1 展示了 1996～2018 年全国危险废物产生量的统计数据。数据表明，危险废物的产生量基本呈现逐年增长的趋势，特别是从 2011 年开始，数量开始有了大幅增长。1996～2010 年期间，危险废物的年产生量均在 2000 万吨以下，从 2011 年开始危险废物产生量进入年产 3000 万吨时代，2015～2017 年期间，危险废物的产生量以每年 1000 多万吨的速度增长。导致快速增长的原因之一是新环保法自 2015 年 1 月 1 日开始施行，随着各种配套的政策、清废行动大力推进，使得危险废物的隐藏量逐渐显现出来。

（二）危险废物主要类别和行业来源发生变化

据 2013 年《全国大中城市固体废物污染环境防治年报》统计，当时我国主要的危险废物种类为废矿物油、电镀污泥、废阴极射线管、废铅酸电池、废有机溶剂和其他危险废物等。而随着产业调整，目前我国主要的危险废物种类逐渐变成废碱、石棉废物、废酸、有色金属冶炼废物、无机氰化物废物、废矿物油和其他危险废物等。目前废碱产生量较大的地区为山东和湖南，两省合计产生量约占全国废碱产生量的 80%。废酸产生量较大的地区为广西、四川、江苏、云南、山东，合计产生量约占全国废酸产生量的 60%。石棉废物主要产生地区为青海和新疆，合计产生量约占全国石棉废物产生量的 99%。有色金属冶炼废物产生量较大的地区为云南、内蒙古、甘肃、湖南、江西、青海，合计产生量约占全国有色金属冶炼废物产生量的 80%。无机氰化物废物主要产生的地区为山东、青海，合计产生量约占全国无机氰化物废物产生量的 85%。废矿物油产生量较大的地区为新疆、陕西、辽宁、山东，合计产生量约占全国废矿物油产生量的 70%。

2018 年全国十大重点行业的危险废物产生量约 4897 万吨，占当年危险废物产生量的 69%，具体组成如图 2-2 所示。

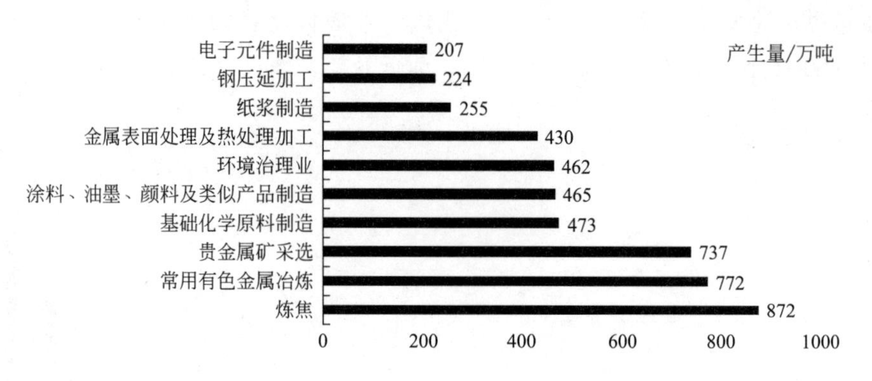

图 2-2 2018 年全国十大重点行业危险废物产生量

二、危险废物处置经营单位情况综述

（一）经营单位数量变化

我国对危险废物经营单位数量的统计从 1995 年才开始有记录，在此之前，产废单位即处置单位，我国并未大规模建设集中的危险废物处置厂，而是采用企业自产自处置的方式解决危险废物。对于企业自行处置的，大部分处置设施的处置水平较低，比如填埋场并未设置完善的防渗设施、焚烧处理系统并未安装烟气净化系统等，特别容易对环境造成二次污染。据不完全统计，1996 年全国 21 个省（区、市）正常运行、型号和规格齐全的处理能力在 0.5t/h 以上的处理处置设施仅有 10 个。2000 年左右，全国仅建立了北京市工业有害废物处理处置示范工程、天津市危险废物焚烧及综合利用示范工程、深圳市工业废物处理站和深圳危险废物填埋场，其他城市尚无标准的危险废物处理处置场所。

2003 年以后，国务院颁布实施《全国危险废物和医疗废物处置设施建设规划》以来，全国 31 个省（区、市）陆续开始筹建综合性危险废物处置中心，这其中包括集回转窑焚烧、填埋、资源综合利用为一体的综合性处置中心，也包括只有回转窑焚烧处置设施的单一处置项目。随着新环保法和“两高”司法解释的陆续出台，危险废物处置行业进入了高速发展阶段，到“十三五”末期，各省市的危险废物处置项目总体建设能力已经基本饱和，有些地区已经开始限制新建项目。例如《山东省生态环境厅关于加强危险废物处置设施建设和管理的意见》中要求：要结合实际，限期完成危险废物处置设施建设，到“十三五”末，基本实现全省危险废物处置能力与危险废物产生量、产生类别相匹配。《山东省“十三五”危险废物处置设施建设规划》中要求：已经开工建设的项目，限期完成；尚未开工的项目，不再硬性要求按规划实施，改变为以投资引导性公告的方式落实。

根据生态环境部的统计数据，2008～2019 年全国危险废物经营许可证数量逐年增长，其中 2016～2019 年呈现出加速增长的态势。截至 2019 年底，全国各省（区、市）颁发的危险废物（含医疗废物）经营许可证共 4195 份，其中江苏省颁发许可证数量最多，共 549 份。2008～2019 年危险废物实际收集和利用处置量逐年增长，其中 2016～2019 年加速增长，这与危险废物经营许可证数量的增长趋势相吻合。

（二）经营单位处置方式变化

1. 无害化处置技术单一

在无害化处置技术中，回转窑焚烧、填埋、水泥窑协同处置合计处理能力基本占据了总处理能力的95%以上，物化水处理、等离子焚烧、高温热解等一些处置手段的处理能力占比较小。

水泥窑协同处置是近两三年发展起来、并迅速占领危险废物处置市场的一项重要处置手段，它的快速发展由多方面因素促成。2013年陆续发布了水泥窑协同处置固体废物的各项排放标准、技术规范等，这是水泥窑协同处置发展的基础条件；2014年左右水泥产能过剩，工信部等七部委联合下发水泥企业错峰生产的通知，使得全国大部分地区的水泥厂每年生产时间减少至少3个月以上，但协同处置固体废物可以不执行错峰生产，因此这无疑对于水泥厂来说带来了“生”的转机；2015年修订后的环保法、“两高司法解释”等实施，全国环保监管趋严，危险废物隐藏量进一步释放，这给水泥窑协同处置带来了巨大的市场先机。在各种因素交织的背景下，水泥窑协同处置固体废物迅速发展起来。目前，在焚烧处置方式中，水泥窑协同处置与回转窑焚烧基本各占一半的处理能力。

对于其他的无害化处置方式如物化水处理、超临界水氧化、高温热解等，这些处置方式的可处理废物类别种类有限，而且这些处置方式可以处置的废物中较大一部分也可以通过回转窑焚烧或水泥窑协同一并处置，所以这些处置方式的市场占有率比较小。

2. 资源化处置方式发展潜力巨大

现阶段，资源化与无害化处置方式的处理能力占比基本为6∶4，虽然以资源化处理方式为主的许可证数量远少于申请无害化处置的许可证数量，但是资源化处置的每个单体项目大多处理体量都在十万吨级别以上，而无害化处置体量基本在几万吨的数量级，有些甚至只有几千吨，因此资源化项目许可证数量虽少但是处理能力大。一个资源化项目通常只能针对一种到十几种有共性的物质进行资源回收，而针对这几种物质回收的资源化技术可以有很多方式，如果大部分危险废物都采用资源化的方式处理，那么资源化技术的未来发展空间是相当巨大的。在最新发布的《危险废物填埋污染控制标准》中，对于刚性填埋场的一项设计要求为应设计成若干独立对称的填埋单元，每个填埋单元面积不得超过$50m^2$且容积不得超过$250m^3$。新标准中给出这一要求，就是考虑当某种资源化技术成熟之后，处理厂能够精准取出已填埋废物再进行资源化处置，可见资源化利用是未来危险废物处置的发展趋势。

在集中式处置能力提升的同时，各种处置/利用技术也在多元化发展，从传统的回转窑焚烧、填埋，到现在的水泥窑协同、危险废物热解、物化水处理、超临界水氧化等技术的应用，再到废油蒸馏技术、废活性炭再生、废催化剂回收、重金属回收等资源化项目的建成，标志着我国危险废物处置行业进入一个全新的阶段。随着行业的不断向前发展、技术的不断进步，精细化的、细分领域的资源化技术将得到长足的发展。未来，现有处置方式的格局将被打破，而短期内，无害化处置方式还是以回转窑焚烧、水泥窑协同处置和填埋为主。

第二篇

危险废物处置利用技术综述

随着行业飞速发展，医疗卫生行业、化学工业、其他加工行业产生的危险废物种类越来越多，数量也与日俱增，对人体健康和生态环境造成的威胁日益受到人们的重视。随着国家法律法规的出台和废物排放标准的升级，危险废物处置技术也不断升级改进，技术的发展方向也由早期的粗放型向专业精细化方向发展。针对废物的特点，以资源利用为主，无害化处理为辅会是未来技术开发的方向。

在危险废物处置过程中，只针对危险废物的危险特性进行去除或降低，没有考虑废物回收或利用的处置技术被称为无害化处置技术；而有些技术在消除废物危险特性的同时，将危险废物变成了某种原料、辅料等，这类技术属于资源化利用技术。

无害化处置技术通常可以分为焚烧技术和非焚烧技术，资源化利用技术则会根据处置对象不同而运用不同的技术方法。

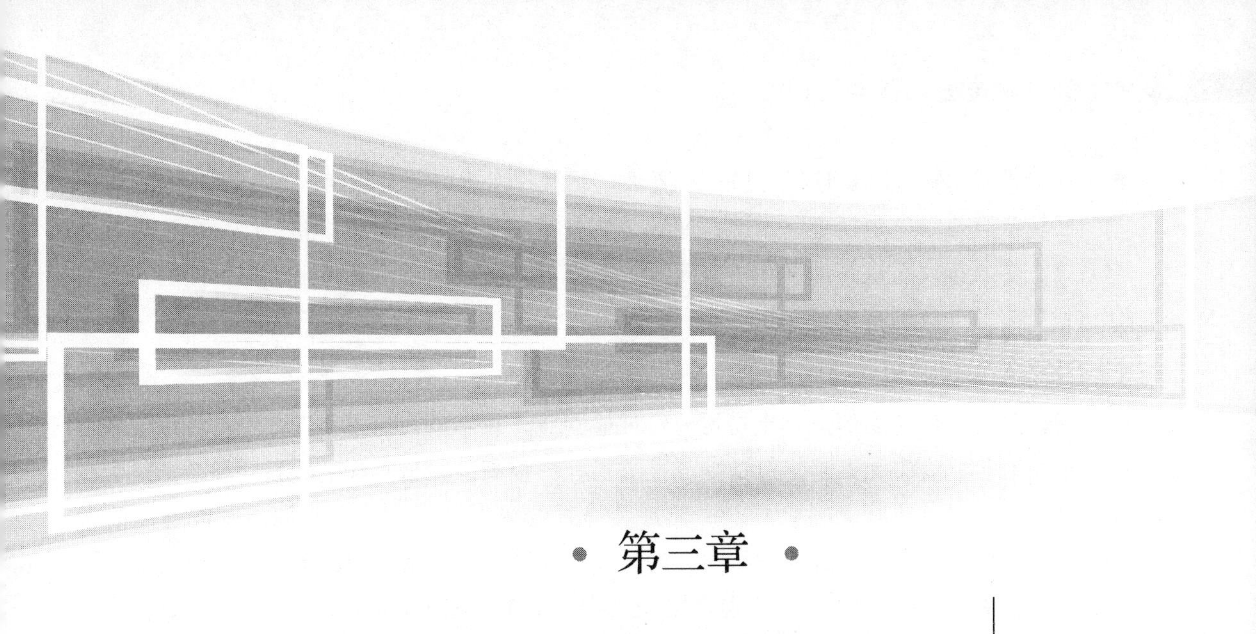

第三章

危险废物无害化处置技术

危险废物无害化处置技术通常包括回转窑焚烧技术、水泥窑协同处置技术、等离子气化熔融技术、热解技术、物化处置技术、填埋处置技术等，根据其共性特点，又可将它们分为焚烧技术与非焚烧技术两大类。

第一节 焚烧技术

焚烧技术是一种高温热处理技术，通过好氧、厌氧或缺氧的方式，去除废物中的有机成分，转化无机成分，最终消除其危险特性，完成无害化的处置。回转窑焚烧技术、水泥窑协同处置技术均属于好氧燃烧类型，通过氧化反应将有机物变成二氧化碳和水。回转窑焚烧技术将无机成分变成了焚烧残渣，水泥窑协同处置技术将无机成分变成了水泥熟料。等离子气化熔融技术通常为缺氧燃烧方式，与热解技术较为类似的是，它能将有机物热解为小分子产物。

一、回转窑焚烧技术

水泥窑协同处置系统的核心焚烧设施即为回转窑，是在生产水泥熟料的同时，在回转窑内协同处置危险废物。需要指出的是，我们通常说的“回转窑焚烧”不是指“水泥窑协同处置系统”，而是指专门用于焚烧危险废物的回转窑。

现阶段，回转窑焚烧系统的单条线处理能力一般为（1～3）万吨/年，新建的项目以3万吨/年规模居多，适宜处置名录中的大多数危险废物。不同技术供应商提供的回转窑焚烧工艺包会略有不同，但是主体的工艺路线基本一致，下面结合《危险废物集中焚烧处置工程建设技术规范》(HJ/T 176)的要求，对该技术进行简要介绍。

回转窑焚烧系统包括上料系统、回转窑燃烧系统、烟气余热利用和急冷系统、烟气净化系统、烟气排放系统、烟气在线监测系统等部分，每一个子系统可以采用不同的工艺组合达到最终的处置和排放要求。

(一)上料系统

无论是哪一种状态的危险废物均应经过检测后，采用适当的预处理方式，将危险废物的热值、粒径、有害元素(一般指烟气排放指标中控制的元素)含量、黏度等指标经配伍达到入窑标准后，进行上料处置。回转窑焚烧系统可以处置固态、半固态、液态危险废物，因此它的上料系统会针对物料状态进行设计和选择。通常采用的上料机构包括抓斗上料、斗提上料、泵送上料、破碎-混合-泵送系统(简称SMP)上料、螺旋上料等。无论采用哪种方式上料，均应保证：进料口应配置保持气密性的装置，以保证炉内焚烧工况的稳定及回转窑内的负压状态，避免有害气体的逸出；输送液态废物时应充分考虑废液的腐蚀性及废液中的固体颗粒物堵塞喷嘴问题。

(二)回转窑燃烧系统

回转窑燃烧系统一般包括回转窑、二燃室，有些工艺还有三燃室，它们共同完成对危险废物的焚烧。

回转窑的结构为卧式圆筒炉，外壳用钢板卷制而成，内衬耐火材料，炉床位于纵向轴上并旋转，因此被称为回转窑。回转窑具有一定的倾斜角度，危险废物在窑内实现横向运动，产生的灰渣(现阶段回转窑主要为灰渣式窑)从低端排出，烟气进入二燃室进行后续燃烧。目前使用的回转窑焚烧系统均为顺流式燃烧，即气相与固相在窑内运动的方向相同，主要是因为顺流式炉型适于固态废物的输入及前置处理，同时可以增加气相的停留时间。

回转窑内部可以接受固态、半固态、液态废物上料，二燃室则通常只适合液态废物上料，二燃室的温度可以达到1100℃以上，可以将回转窑内未燃尽的废物与从二燃室上料的废物一并燃烧，同时去除焚烧过程中产生的二噁英类毒性物质。

回转窑燃烧系统是完成危险废物焚烧的主要场所，工作人员根据危险废物的热值、有害元素含量、物理状态等进行配伍，在回转窑和二燃室中进行危险废物的充分燃烧。燃烧过程要遵守“3T+E”原则，即足够的温度(temperature)、足够的扰动(turbulence)、足够的停留时间(time)和过剩空气(excess air number)。因此回转窑燃烧系统应保证：确保焚烧炉高温段温度不小于1100℃；烟气停留时间不小于2s；烟气含氧量(干烟气)达到6%～15%；其他焚烧控制条件应满足《危险废物焚烧污染控制标准》(GB 18484)中的有关规定。

(1) 应满足焚烧残渣热灼减率<5%，本指标为焚烧系统运转后的常规监测指标。热灼减率的定义为焚烧残渣经灼烧减少的质量与原焚烧残渣质量的百分比，根据如下公式计算：

$$P=\frac{A-B}{A}\times 100\%$$

式中 P——热灼减率，%；

A——(105±25)℃干燥1h后的原始焚烧残渣在室温下的质量，g；

B——焚烧残渣经（600±25）℃灼烧 3h 后冷却至室温的质量，g。

（2）应满足燃烧效率≥99.9%，本指标为焚烧系统运转后的技术性能指标。燃烧效率的定义为烟道排出气体中二氧化碳浓度与二氧化碳和一氧化碳浓度之和的百分比，根据如下公式计算：

$$CE=\frac{C_{CO_2}}{C_{CO_2}+C_{CO}}\times 100\%$$

式中　CE——燃烧效率，%；

C_{CO_2}——燃烧后排气中 CO_2 的浓度；

C_{CO}——燃烧后排气中 CO 的浓度。

（3）应满足焚毁去除率≥99.99%，本指标为焚烧系统正式通过竣工环境保护验收前的性能测试指标。焚毁去除率的定义为被焚烧的特征有机化合物与残留在排放烟气中的该化合物质量之差与被焚烧的该化合物质量的百分比。根据如下公式计算：

$$DRE=\frac{W_i-W_0}{W_i}\times 100\%$$

式中　DRE——焚毁去除率，%；

W_i——单位时间内被焚烧的特征有机化合物的质量，kg/h；

W_0——单位时间内随烟气排出的与 W_i 相应的特征有机化合物的质量，kg/h。

（三）烟气余热利用和急冷系统

烟气经燃烧室后应进行降温，一方面要使烟气适应系统温度要求，另一方面主要是避免二噁英再次合成。烟气冷却的方式包括直接冷却和间接冷却，而焚烧系统的烟气降温通常是两种方式同时采用。首先采用间接冷却方式，使用余热锅炉将烟气热量收集，供其他用途使用，然后采用直接冷却方式，使用急冷塔将烟气温度迅速降至二噁英再次合成的温度区间 200～500℃之外。

危险废物焚烧热能利用方式应根据焚烧厂的规模、危险废物种类和特性、用热条件及经济性综合比较后确定，通常小于 3 万吨/年的回转窑焚烧系统的余热利用一般为厂区供暖、厂区内其他危险废物处置或利用设施的工艺使用。利用危险废物焚烧热能的锅炉，应充分考虑烟气对锅炉的高温和低温腐蚀问题。利用危险废物焚烧热能生产饱和蒸汽或热水时，热力系统中的设备与技术条件应符合《锅炉房设计规范》（GB 50041）中的有关规定。

（四）烟气净化系统

烟气净化系统通常包括对烟气进行脱酸、除重金属、除尘等，根据不同的作用配置不同的设施。

1. 酸性气体去除

烟气中的酸性气体包括二氧化硫、氮氧化物、氯化氢、氟化氢等，目前应用较多的是干湿结合法去除酸性气体。首先采用生石灰、碳酸氢钠粉末等直接喷入烟道内，通过酸碱中和的方式，主要去除二氧化硫、氯化氢等，然后再采用双塔脱酸，即采用两个湿式洗涤塔对酸性气体进行去除，通常采用液碱（氢氧化钠）进行洗涤，进一步去除残留的二氧化硫、氯化氢等酸性气体。对于氮氧化物的去除，可以采用选择性非催化还原法（简称

SNCR）进行烟气脱硝。

2. 重金属及二噁英去除

为了保证对烟气中重金属及二噁英的去除效果，一般采用活性炭吸附法。较常规的工艺是先将活性炭喷射到烟道中，吸附重金属及二噁英，随即部分吸附了污染物的活性炭会随烟气同时进入袋式除尘器，通过袋式除尘器将活性炭一并去除。

3. 粉尘去除

对于焚烧烟气中粉尘的去除，目前采用较多的是袋式除尘器，它的除尘效率可以达到99%以上。它的工作条件之一是烟气的温度必须低于布袋织物使用许可的温度，否则容易出现烧袋、糊袋的现象，通常烟气温度应低于250℃。

（五）烟气排放系统

烟气经过多级净化以后通常温度已经降到几十摄氏度，设置烟气再加热装置，将烟气加热到100℃以上排放，一方面可以抬升烟气的排放高度更有利于污染物的扩散，另一方面可以消除视觉可见白烟，主要是水蒸气。

（六）烟气在线监测系统

应对焚烧烟气中的烟尘、硫氧化物、氮氧化物、氯化氢等污染因子，以及氧、一氧化碳、二氧化碳、回转窑和二燃室温度等工艺指标实行在线监测，并与当地环保部门联网。烟气黑度、氟化氢、重金属及其化合物、二噁英等采样检测频次应参照所在项目的危险废物经营许可证上的实际要求执行。

二、水泥窑协同处置技术

水泥窑协同处置固体废物，因其依托现有水泥窑来处置固体废物乃至危险废物，因此除了水泥窑的主体设备设施外，协同处置危险废物系统还应包括危险废物预处理系统、危险废物上料系统，以及具备协同处置的其他基本条件。另外，由于是在烧制水泥熟料的同时，水泥窑协同处置危险废物，因此危险废物在投加到水泥窑时，还有一定的限制要求。

（一）危险废物预处理系统

《水泥窑协同处置固体废物环境保护技术规范》（HJ 662—2013）中规定，应根据固体废物特性及入窑要求，确定预处理工艺流程和预处理设施。

（1）从配料系统入窑的固态废物，其预处理设施应具有破碎和配料的功能，也可根据需要配备烘干等装置。

（2）从窑尾入窑的固态废物，其预处理设施应具有破碎和混合搅拌的功能，也可根据需要配备分选和筛分等装置。

（3）从窑头入窑的固态废物，其预处理设施应具有破碎、分选和精筛的功能。

（4）液态废物，其预处理设施应具有混合搅拌功能，若液态废物中有较大的颗粒物，可在混合搅拌系统内配加研磨装置，也可根据需要配备沉淀、中和、过滤等装置。

（5）半固态（浆状）废物，其预处理设施应具有混合搅拌的功能，也可根据需要配备破碎、筛分、分选、高速研磨等装置。

从本技术规范可知，水泥窑可以接受固态、液态、半固态的废物进料，因此预处理系统也是结合废物的三种状态，采用不同的预处理方式。常用的预处理方式包括化学沉淀、废液混配、废物烘干、废物破碎、废物筛分、酸碱中和等，将废物预处理成最适宜进入水泥窑的状态后，再入窑协同处置。

危险废物预处理的方式不同，所期望达到的目的也不尽相同，下面简单介绍各种预处理方法和作用，这些预处理方式同样适用于回转窑焚烧系统。

1. 化学沉淀

一些科研院所、教育机构等会产生大量的废化学试剂，这些废化学试剂种类多，每一种类别的量一般不大，针对这些废液目前最好的处置方式即水泥窑协同处置。在处置之前，往往对某些已知的、能够发生化学反应的试剂事先进行单独的处理，让其发生化学反应，使其化学性质变得稳定。这样处理，一方面降低焚烧时的安全风险，另一方面可以保护水泥窑设施，延长设备的使用寿命。

2. 废液混配

废液混配类似于上述“化学沉淀”的方式，只是针对的废物种类不同。通常混配是针对某些企业内部产量较大的同种废液，或不同企业产生的成分类似的废液，在进入水泥窑之前进行单独的混合、调配，让可能发生的化学反应在窑外发生，起到均质、降低安全风险的作用，从而避免这些废液在通过管道泵送入窑时发生堵塞、燃烧等剧烈化学反应。

3. 废物烘干

烘干是对一些含水量较高的废物采用的主要预处理方式，主要包括一些污泥、漆渣等。采用烘干脱水的方式，可以降低水泥窑的处置负荷，同时可以提高废物的热值。

4. 废物破碎

破碎的作用主要有两方面：一方面是对于一些大的包装物、大的固体块状废物进行破碎，以符合废物投料口的入口尺寸；另一方面的作用更为主要，即大块废物经破碎后，可以提高废物的表面积，确保焚烧能够彻底，达到环保排放标准，有利于水泥熟料的质量稳定。

5. 废物筛分

筛分是与破碎结合运用的预处理方式。破碎后的物料尺寸差别较大，通过筛分，将不符合要求的废物筛出后进行下一步的破碎处理，以达到各项要求。

6. 酸碱中和

水泥窑内虽然是一个碱性环境，但也不是对任何酸性物质都具有无限的包容性，强酸强碱性物质仍然会对窑体产生腐蚀作用，因此，酸碱性废物在进入窑前仍需要进行中和预处理，将 pH 值调节至 4～9 之间。

（二）危险废物上料系统

1. 危险废物的投加位置和投加设施

《水泥窑协同处置固体废物环境保护技术规范》中明确规定了水泥窑协同处置固体废物的投加位置，分别是：

(1) 窑头高温段，包括主燃烧器投加点和窑门罩投加点。

(2) 窑尾高温段，包括分解炉、窑尾烟室和上升烟道投加点。

（3）生料配料系统（生料磨）。

在本技术规范中，提出了对于不同的投加设施应满足如下的特殊要求：

（1）生料磨投加可借用常规生料投料设施。

（2）主燃烧器投加设施应采用多通道燃烧器，并配备泵力或气力输送装置；窑门罩投加设施应配备泵力输送装置，并在窑门罩的适当位置开设投料口。

（3）窑尾投加设施应配备泵力、气力或机械传输带输送装置，并在窑尾烟室、上升烟道或分解炉的适当位置开设投料口；可对分解炉燃烧器的气固相通道进行适当改造，使之适合液态或小颗粒状废物的输送和投加。

在《水泥窑协同处置危险废物经营许可证审查指南（试行）》中进一步明确了水泥窑的危险废物投加位置和投加设施，参见表3-1。

表3-1 危险废物投加位置和投加设施

<table>
<tr><th colspan="3">入窑危险废物特性</th><th>投加位置</th><th>投加设施</th></tr>
<tr><td rowspan="8">可燃</td><td colspan="2" rowspan="3">液态</td><td>窑头主燃烧器</td><td>借用窑头煤粉多通道燃烧器的空闲通道，设置泵力输送装置</td></tr>
<tr><td>窑门罩</td><td>设置泵力输送装置和喷嘴</td></tr>
<tr><td>分解炉</td><td>借用分解炉煤粉多通道燃烧器的空闲通道或在分解炉新增开口，设置泵力输送装置和喷嘴</td></tr>
<tr><td colspan="2">半固态</td><td>分解炉</td><td>设置柱塞泵和输送管道</td></tr>
<tr><td rowspan="4">固态</td><td rowspan="3">小粒径</td><td>窑头主燃烧器</td><td>借用窑头煤粉多通道燃烧器的空闲通道，设置气力输送装置</td></tr>
<tr><td>窑门罩</td><td>设置气力输送装置后，投加方向与回转窑轴线平行</td></tr>
<tr><td>分解炉</td><td>借用分解炉煤粉多通道燃烧器的空闲通道或在分解炉新增开口，设置气力或机械输送装置</td></tr>
<tr><td>大粒径</td><td>分解炉</td><td>在分解炉新增开口，设置气力或机械输送装置</td></tr>
<tr><td rowspan="12">不可燃</td><td colspan="2" rowspan="3">液态</td><td>窑门罩</td><td>设置泵力输送装置和喷嘴</td></tr>
<tr><td>窑尾烟室</td><td>设置泵力输送装置和喷嘴</td></tr>
<tr><td>分解炉</td><td>借用分解炉煤粉多通道燃烧器的空闲通道或在分解炉新增开口，设置泵力输送装置和喷嘴</td></tr>
<tr><td colspan="2" rowspan="2">半固态</td><td>窑尾烟室</td><td>设置柱塞泵和输送管道</td></tr>
<tr><td>分解炉</td><td>设置柱塞泵和输送管道</td></tr>
<tr><td rowspan="7">固态</td><td rowspan="4">含有机质小粒径</td><td>窑头主燃烧器</td><td>借用窑头煤粉多通道燃烧器的空闲通道，设置气力输送装置</td></tr>
<tr><td>窑门罩</td><td>设置气力输送装置后，投加方向与回转窑轴线平行</td></tr>
<tr><td>窑尾烟室</td><td>设置气力或机械输送装置</td></tr>
<tr><td>分解炉</td><td>借用分解炉煤粉多通道燃烧器的空闲通道或在分解炉新增开口，设置气力或机械输送装置</td></tr>
<tr><td rowspan="2">含有机质大粒径或大块状</td><td>窑尾烟室</td><td>设置机械输送装置</td></tr>
<tr><td>分解炉</td><td>设置机械输送装置</td></tr>
<tr><td>不含有机质（有机质含量＜0.5%，二噁英含量＜10ngTEQ/kg，其他特征有机物含量≤常规水泥生料中相应的有机物含量）和氰化物（CN^-含量＜0.01mg/kg）</td><td>生料磨</td><td>借用常规生料的空闲输送皮带或新增输送皮带</td></tr>
</table>

2. 水泥窑协同处置危险废物的上料系统

基于上述要求，水泥窑协同处置危险废物的上料系统主要包括：

(1) SMP 系统。SMP 即为破碎、混合和泵送的缩写，适宜对半固态废物上料。根据不同的半固态废物的物理状态、输送性能、水分含量及处理规模，选择不同的设备进行破碎、调质和混合后，泵送至水泥窑分解炉进行焚烧处理。

(2) 泵送系统。包括区别于 SMP 系统的液态泵送和污泥泵送等系统。虽然 SMP 系统适宜处理半固态废物，因为其中有些半固态废物需要污泥或液态废物来进行调配，因此仍需要单独配有污泥泵送或废液泵送设施。因为危险废物的性质千差万别，从稳定性、安全性等角度考虑，仍然需要独立配备。

(3) 皮带上料。通常一些固态废物性质较稳定，一些不含有机物的或不含挥发、半挥发性重金属的固态废物，破碎均质后可以采用皮带上料，通过生料磨系统进入水泥窑内，方法简单高效。

(三) 危险废物投加限制

1. 投加废物种类限制

《水泥窑协同处置固体废物环境保护技术规范》和《水泥窑协同处置固体废物污染控制标准》中明确规定了下列废物禁止通过水泥窑协同处置：

(1) 放射性废物。

(2) 爆炸物及反应性废物。

(3) 未经拆解的废电池、废家用电器和电子产品。

(4) 含汞的温度计、血压计、荧光灯管和开关。

(5) 铬渣。

(6) 未知特性和未经鉴定的废物。

另外，在《水泥窑协同处置固体废物环境保护技术规范》中还明确规定了下列固体废物不应入窑进行协同处置：

(1) 放射性废物。

(2) 具有传染性、爆炸性及反应性废物。

(3) 未经拆解的废电池、废家用电器和电子产品。

(4) 含汞的温度计、血压计、荧光灯管和开关。

(5) 有钙焙烧工艺生产铬盐过程中产生的铬渣。

(6) 石棉类废物。

(7) 未知特性和未经鉴定的固体废物。

2. 投加数量限制

在《水泥窑协同处置危险废物经营许可证审查指南（试行）》中，给出了水泥窑中可投加的危险废物的最大质量，见表 3-2 所示。

表 3-2 可投加的危险废物最大质量

废物特性和形态			可投加的危险废物的最大质量
可燃			与废物低位热值相关
不可燃	液态		一般不超过水泥窑熟料生产能力的10%
	固态	含有机质或氰化物的小粒径	一般不超过水泥窑熟料生产能力的15%
		含有机质或氰化物的大粒径或大块状	一般不超过水泥窑熟料生产能力的4%
		不含有机质(有机质含量<0.5%,二噁英含量<10ngTEQ/kg,其他特征有机物含量≤常规水泥生料中相应的有机物含量)和氰化物(CN^-含量<0.01mg/kg)	一般不超过水泥窑熟料生产能力的15%
	半固态		一般不超过水泥窑熟料生产能力的4%

3. 有害元素投加限制

一方面由于水泥窑自身生产水泥熟料的要求，另一方面考虑窑体本身对有害元素耐受能力的要求，水泥窑协同处置危险废物时，对入窑的重金属元素以及氟、氯、硫等有害元素有明确的限制要求。《水泥窑协调处置固体废物环境保护技术规范》中给出有害元素最大允许投加量限值，如表 3-3 所示。

表 3-3 有害元素最大允许投加量限值

有害元素	单位	最大允许投加量
汞	mg/kg-cli	0.23
铊+镉+铅+15×砷		230
铍+铬+10×锡+50×锑+铜+锰+镍+钒		1150
硫		3000①
总铬	mg/kg-cem	320
六价铬		10②
锌		37760
锰		3350
镍		640
钼		310
砷		4280
镉		40
铅		1590
铜		7920
汞		4③
硫	%	0.014④
氟		0.5
氯		0.04

① 从窑头、窑尾高温区投加的全硫与配料系统投加的硫酸盐硫总投加量；

② 计入窑物料中的总铬和混合材中的六价铬；

③ 仅计混合材中的汞；

④ 通过配料系统投加的物料中硫化物硫与有机硫总含量。

三、等离子气化熔融技术

（一）等离子体的定义及分类

1. 等离子体定义

等离子体又叫电浆，是被剥夺部分电子后的原子及原子团被电离后产生的正负离子组成的离子化气体状物质，广泛存在于宇宙中，常被视为是固体、液体和气体外物质的第四态。虽然等离子体作为高度电离的气体由大量的正负带电离子和中性粒子组成，但等离子体整体表现为电中性。等离子体是一种很好的导电体，利用经过巧妙设计的磁场可以捕捉、移动和加速等离子体。

2. 等离子体分类

根据粒子温度和整体能量状态，等离子体可以分为高温等离子体和低温等离子体。高温等离子体一般指核聚变等离子体，包括太阳日冕、磁约束聚变或惯性约束聚变。它们的特点是粒子温度极高，等离子体密度非常大。低温等离子体相比高温等离子体，粒子温度要低得多，密度也小得多。低温等离子体又分为两种，分别是冷等离子体和热等离子体，应用于固体废物和危险废物处理的主要是热等离子体。

（二）等离子体的应用

目前，许多发达国家利用热等离子技术处理各种危险废物，包括含氟有机废液、感染性医疗垃圾、危险废物焚烧飞灰、污泥、石棉工业废弃物、船舰甲板废弃物、化学及重金属污染土壤等，并已实现工业应用。

等离子气化熔融技术主要是指采用等离子炬或电弧产生低温热等离子体，将反应炉内温度升高至1500～1600℃，最终将危险废物中的有机成分热解气化、无机成分变成玻璃体态物质、金属成分得到熔炼的过程。一般将整个气化熔融焚烧过程分为干燥、热解气化、燃烧、熔融四大过程。对于成分单一的金属尾矿类物质，采用等离子气化熔融技术可以将其中的金属熔炼出来。

国内已经建立10余套等离子熔融玻璃化工厂，其中有采用美国西屋环境公司、美国伯特利公司的等离子技术，也有采用国内一些自主研发的技术，包括来自中广核集团、中国航天空气动力技术研究院等公司的技术。目前，国内采用等离子技术处置危险废物的项目还比较少，我国在该领域进行自主研发的机构也相对较少。

现行版名录中的“HW18 焚烧处置残渣”中有一种类别的危险废物，即“772-004-18 危险废物等离子体、高温熔融等处置过程产生的非玻璃态物质和飞灰”，说明通过等离子处置技术最终产生的非玻璃态物质属于危险废物。因此，本技术的关键点在于能够稳定的产生玻璃态物质，并且在该玻璃态物质有稳定的使用用途时，本技术才更具有较强的推广性。

《固体废物玻璃化处理产物技术要求》征求意见稿于2020年3月发布，本标准给出了玻璃化处理产物的定义和玻璃化处理产物的判定依据。虽然本标准仍处于征求意见阶段，但是随着行业的不断规范，相关标准的陆续出台，必将为等离子处理玻璃化产物的工艺技术提供更广阔的发展空间。

四、热解技术

热解技术不同于回转窑焚烧技术、水泥窑协同处置技术，它对于不同种类危险废物的适应性较差，一般适用于主要组成为有机物的废物。

（一）热解原理

热解是物料在氧气不足的气氛中燃烧，并由此产生热作用而引起的化学分解过程。固体废物的热解是一个复杂、连续的化学反应过程，在整个热解过程中，主要进行大分子分解成较小分子直至气体的过程，同时也有小分子聚合成多环芳烃等大分子的过程。这两种反应过程同时进行，最终在热解体系中会有可燃性气体、有机液体和固态残渣产生。在缺氧的环境下，这一系列反应的发生与诸多因素相关，例如固体废物的种类、废物的粒径尺寸、加热速率、最终反应温度、反应压力、加热时间等，这些因素的变化都会导致热解产物的种类不同、数量不同。

热解的目标产物不同，各项反应条件变化的区间跨度就会很大，例如，停留时间可以从几秒钟到几天的时间，温度可以从 300℃到 3000℃，因此热解过程可以应用到很多不同的生产工艺过程中。

热解产物中的气体产物可能包括：甲烷、氢气、水蒸气、一氧化碳、二氧化碳、氨气、硫化氢、氰化氢等；有机液体产物可能包括：有机酸、芳烃、焦油、甲醇、丙酮、乙酸等；固体残渣可能包括：灰渣、炭黑、焦油、其他高分子聚合物等。

（二）适宜处置的危险废物种类

《国家危险废物名录》（2021 年）中，“HW06 废有机溶剂与含有机溶剂废物”“HW08 废矿物油与含矿物油废物”“HW11 精（蒸）馏残渣”“HW12 染料、涂料废物”四大废物类别中的一些 8 位废物代码类别的废物可以采用热解的方式进行无害化处置。

第二节 非焚烧技术

一、水处理技术

在危险废物处置技术中，处置废液的技术较多，有专门针对废酸、废有机溶剂的处置技术，也有针对废乳化液、重金属废液、有机废水的处置技术。下面主要介绍物化处置技术，它是目前在水处理中最常用的一种处置技术。

物化处置技术是指采用物理和化学的方法对废物进行无害化处置，主要处理的废物包括废乳化液、废酸碱液、重金属废液、有机废水等液态废物。针对所处理废物的种类和性质，物化处置系统由多个不同的模块组成，通常包括以下几个模块：氧化还原、酸碱中和、破乳反应、pH 调节、压滤出泥等，有些技术还采用了芬顿氧化法。

1. 氧化还原

通常是将废酸碱或重金属废液中的个别重金属元素进行氧化或还原，将其从毒性较高的价态变成毒性较低的价态，俗称“解毒”，以确保处置过程安全、达到环保排放标准。例如：某些重金属废液中含有大量的六价铬，通常使用亚铁盐将六价铬还原成三价铬以降低其毒性。

2. 酸碱中和

当一些废酸中杂质种类繁多、成分复杂，或是由多种废酸组成的混酸，难以进行资源化回收时，酸碱中和则是一种有效的针对废酸碱的无害化处置方式。例如：某种蚀刻液废酸为废盐酸、废硫酸等，还可能含有氢氟酸，这样的混酸资源化回收较困难，因此选择酸碱中和方式进行无害化处置时，通常选择消石灰来进行中和，效果比较好；如果选择氢氧化钠处理硫酸时，在北方冬天气温较低时，容易形成硫酸钠结晶堵塞管道；如果选择氢氧化钠处理氢氟酸时，氟离子不容易去除。

3. 破乳反应

废乳化液无害化处置过程中，重要的环节是破乳环节，通过加入各种药剂、助剂等，完成破乳过程。它是降低化学需氧量最有效的手段。不同的乳化液成分不同，加入的破乳剂种类和药量都有较大的差别，因此需要事先进行有针对性的小试试验，确定一个较佳的配方和破乳反应时间，才能得到较好的破乳效果。

4. pH 调节

废酸碱、重金属废液等在处置过程中，可能会涉及到使用酸氧化重金属或用碱沉淀重金属，因此最终都要进行 pH 调节使出水接近中性，这个步骤是出水排放前一个不可省略的重要环节。

5. 芬顿氧化

针对一些含难降解有机物的废水，如造纸工业废水、染整工业废水、煤化工废水等，通过常规的处置方式很难将化学需氧量降到适宜的水平，此时可以通过芬顿氧化的方式降低化学需氧量。

6. 压滤出泥

无论哪一种废液，采用物化处置系统中的哪一个模块，最终处置完成之后，大都要经过压滤出泥、产水，视出水情况确定是否需要排放到下一环节做进一步的处理。因此，压滤环节也是物化处置过程中的一个必要环节。

物化处置的最终出水水质第一类污染物指标按《污水综合排放标准》确定。最终出水水质第二类污染物指标视排放接收源来确定，如果物化出水排放到企业内部污水处理设施，则按照企业污水处理设施的接收标准确定；如果物化出水排放到园区的污水处理厂，则按照园区的污水处理厂接收标准确定。通常，物化出水只有这两种排放出路，禁止外排到城市污水管网或其他受纳水体。

“第一类污染物”是指不分行业和污水排放方式，也不分受纳水体的功能类别，一律在车间或车间处理设施排放口采样，包括总汞、烷基汞、总镉、总铬、六价铬、总砷、总铅、总镍、苯并［a］芘、总铍、总银、总 α 放射性、总 β 放射性等 13 种污染物，第一类污染物最高允许排放浓度必须达到《污水综合排放标准》的要求（采矿行业的尾矿坝出水口不得视为车间排放口）。

“第二类污染物”是指在排污单位排放口采样的、应关注的污染物或项目名称。第二类污染物最高允许排放浓度必须达到《污水综合排放标准》的要求，包括 pH 值、悬浮物、五日生化需氧量、化学需氧量、挥发酚、硫化物等 56 种污染物或项目。

二、填埋处置技术

危险废物经过回转窑焚烧系统处置后产生的残渣、一些重金属含量较高的危险废物、一些化工废盐等，在没有更好的处置方式时，往往采用填埋的方式进行处置。

填埋场应包括以下设施：接收与贮存设施、分析与鉴别系统、预处理设施、填埋处置设施（其中包括：防渗系统、渗滤液收集和导排系统、填埋气体控制设施）、环境监测系统（其中包括人工合成材料衬层渗漏检测、地下水监测、稳定性监测和大气与地表水等的环境检测）、封场覆盖系统（填埋封场阶段）、应急设施及其他公用工程和配套设施。同时，应根据具体情况选择设置渗滤液和废水处理系统、地下水导排系统。填埋场应建设封闭性的围墙或栅栏等隔离设施、安全防护和监控设施，专人管理大门，并且在入口处标识填埋场的主要建设内容和环境管理制度。填埋场处置不相容的废物时应设置不同的填埋区，考虑到未来技术发展，填埋区的废物可能要取出后再资源化利用，因此分区设计要有利于以后可能的废物回取操作。

（一）填埋场种类

根据《危险废物填埋污染控制标准》中的分类，用于填埋危险废物的填埋场分为两种类型：刚性填埋场和柔性填埋场。

1. 刚性填埋场

采用钢筋混凝土作为防渗阻隔结构的填埋处置设施即为刚性填埋场。其设计应符合以下规定：

（1）刚性填埋场钢筋混凝土的设计应符合 GB 50010 的相关规定，防水等级应符合 GB 50180 一级防水标准。

（2）钢筋混凝土与废物接触的面上应覆有防渗、防腐材料。

（3）钢筋混凝土抗压强度不低于 $25N/mm^2$，厚度不小于 35cm。

（4）应设计成若干独立对称的填埋单元，每个填埋单元面积不得超过 $50m^2$ 且容积不得超过 $250m^3$。

（5）填埋结构应设置雨棚，杜绝雨水进入。

（6）在人工目视条件下能观察到填埋单元的破损和渗漏情况，并能及时进行修补。

2. 柔性填埋场

采用双人工复合衬层作为防渗层的填埋处置设施即为柔性填埋场。其设计应考虑渗滤液收集和导排系统，柔性填埋场应采用双人工复合衬层作为防渗层，黏土衬层施工过程中应充分考虑压实度与含水率对其饱和渗透系数的影响，柔性填埋场应设置两层人工复合衬层之间的渗漏检测层，详细设计要求参照 GB 18598—2019 执行。

（二）填埋场入场要求

下列废物不可以进入填埋场：医疗废物、与衬层具有不相容性反应的废物、液态废物，这三种类型废物不可以直接进入任何一种填埋场处置。

满足下列条件或经过预处理满足下列条件的可以进入柔性填埋场：

（1）根据 HJ/T 299 制备的浸出液中有害成分浓度不超过表 3-4 中允许填埋控制限值的废物。

（2）根据 GB/T 15555.12 测得浸出液 pH 值在 7.0～12.0 之间的废物。

（3）含水率低于 60%的废物。

（4）水溶性盐总量小于 10%的废物，测定方法按照 NY/T 1121.16 执行，待国家发布固体废物中水溶性盐总量的测定方法后执行新的监测方法标准。

（5）有机质含量小于 5%的废物，测定方法按照 HJ 761 执行。

（6）不再具有反应性、易燃性的废物。

满足下列条件的废物可以进入刚性填埋场：不具有反应性、易燃性或经预处理不再具有反应性、易燃性的废物。砷含量大于 5%的废物，应进入刚性填埋场。

表 3-4　危险废物允许填埋的控制限值

序号	项目	稳定化控制限值/(mg/L)
1	烷基汞	不得检出
2	汞(以总汞计)	0.12
3	铅(以总铅计)	1.2
4	镉(以总镉计)	0.6
5	总铬	15
6	六价铬	6
7	铜(以总铜计)	120
8	锌(以总锌计)	120
9	铍(以总铍计)	0.2
10	钡(以总钡计)	85
11	镍(以总镍计)	2
12	砷(以总砷计)	1.2
13	无机氟化物(不包括氟化钙)	120
14	氰化物(以 CN^- 计)	6

（三）填埋预处理技术

无论对于刚性填埋场还是柔性填埋场，危险废物在符合填埋场入场要求后，方可进入填埋场进行最终的安全填埋，因此在此过程中涉及到部分危险废物的预处理。填埋处置危险废物的预处理技术包括固化技术和稳定化技术。

固化技术是指通过惰性基材的引入，使危险废物变成不可流动的固体或形成紧密固体的过程。固化技术一般包括水泥固化、沥青固化、塑料固化、玻璃固化、石灰固化等。

稳定化技术是指通过加入药剂或其他方式，使危险废物中的有毒有害物质转化为低溶解性、低迁移性及低毒性物质的过程。稳定化技术一般包括 pH 值控制技术、氧化/还原技术、沉淀技术、吸附技术、离子交换技术等。

（四）对填埋场的其他要求

对于填埋场的选址原则、运行要求、封场要求、监测要求等，详细参照《危险废物填埋污染控制标准》执行。

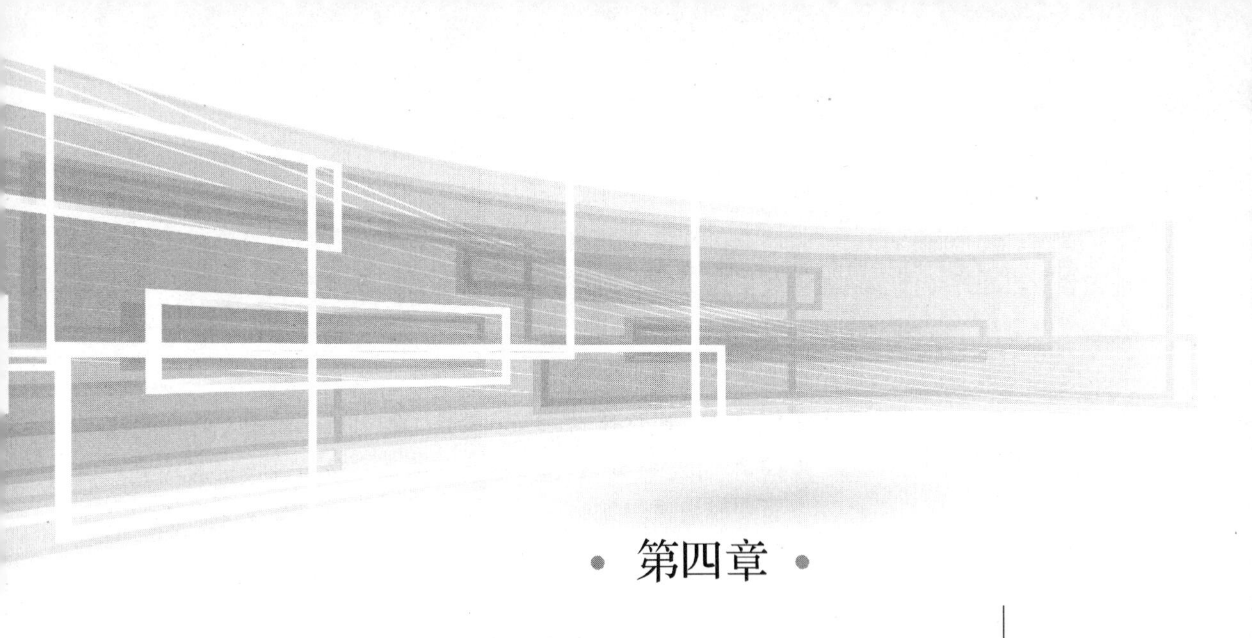

第四章 危险废物资源化利用技术

危险废物给环境安全和人类健康带来了极大的威胁，因此需要妥善处理处置危险废物。危险废物的焚烧能够有效地降低或去除大部分危险废物的危险特性，但是被焚烧掉的危险废物中有一部分是可以通过资源化的方式降低其危险特性并实现其潜在的使用价值。2019年1月，国务院办公厅印发《“无废城市”建设试点工作方案》，提出“通过形成绿色发展方式和生活方式，持续推进固体废物源头减量和资源化利用，最大限度减少填埋量，将固体废物环境影响降至最低的城市发展模式。”可见，“资源化”是未来废物处理的一个主要方式。

危险废物的资源化具有针对性，即相同种类的废物、或具有相同特性的废物、或具有相同可应用组分的废物等，才可以一并进行资源化处理。因此，资源化技术是针对细分领域而发展起来的技术门类，下面主要介绍几种常见的技术。

第一节 废矿物油资源化技术

废矿物油是指从石油、煤炭、油页岩中提取和精炼，在开采、加工和使用过程中由于外在因素作用而改变了原有的物理和化学性能，不能继续被使用的矿物油。在名录中被列为HW08，一般包括：废内燃机油、废齿轮油、废汽轮机油、废液压油等，常见于机动车辆制造和维护保养、机械加工、矿山、冶金、有色金属加工、化工等行业。

需要指出一点，可资源化的废矿物油是指以石油基油品为主要成分的废矿物油。以废内燃机油为例，废内燃机油资源化利用的机理是将其中的基础油通过净化、提纯或经其他工艺处理后再次利用。内燃机油的基础油包括两种类型，分别是石油基基础油和合成油。

石油基基础油是通过石油炼制而获得的，主要成分为碳氢化合物；而合成油含有一些有机合成组分，包括合成烃、酯类油、磷酸酯、硅油等。可见，石油基基础油与合成油的成分是完全不相同的，而通常能够被资源化的废内燃机油指的是石油基基础油，因此，不是所有的废内燃机油都属于废矿物油。综上，其他类型的废矿物油，例如废齿轮油、废汽轮机油、废液压油等，也均指以石油基油品为主要成分的废矿物油。

废矿物油的资源化技术主要包括再净化技术、再炼制技术和再精制技术。再净化技术通常使用在废矿物油的预处理环节。经预处理后，有些废矿物油直接通过再精制环节完成废矿物油的资源化，有些厂家则需要通过再炼制、再精制两道工序完成对废矿物油的资源化处理。

一、再净化技术

在使用的过程中，矿物油会发生一些物理、化学反应而变质产生一些杂质，包括因机械磨损产生的金属屑粒以及因氧化产生的羧酸、有机酸的盐类、沥青质、炭渣、油泥等，这些物质属于机械杂质。再净化过程是通过沉降、离心、过滤、絮凝等预处理的方式，将废矿物油中的机械杂质和混入的水分初步去除，起到预处理的作用。

（1）沉淀。通常将废矿物油装入较大的锥型储罐中，采用自然沉降的方式，从储罐下端分离出废矿物油中的水分。

（2）离心。通常采用管式离心机或筐式离心机等离心方式，将废矿物油中的机械杂质和部分水分分离出来。

（3）过滤。通常采用各种膜对废矿物油进行过滤。根据膜的材质不同，可分为有机膜和无机膜；根据膜的过滤方式不同，可分为超滤膜、纳滤膜等。通过过滤可以去除废矿物油中的水分和机械杂质等。

（4）絮凝。在废矿物油中加入絮凝剂，通过电性相斥相吸的原理，使带同种电荷的机械杂质等颗粒最终失去斥力而絮凝，达到去除悬浮于油中的机械杂质的目的。

二、再炼制技术

再炼制技术主要包括常减压蒸馏、短程分子蒸馏等。

（1）常减压蒸馏。常压蒸馏和减压蒸馏习惯上称之为常减压蒸馏，是石油炼制的主要方式和手段，它是通过沸点差别对组分进行分离。对于废矿物油的提纯和回收，也经常采用常减压蒸馏的方式。废矿物油资源化的目的是为了回收润滑油馏分作为后续资源化的产品。首先通过常压蒸馏，将废矿物油中低于约 350℃的馏分分离出来，通常为轻质石油烃类，再通过减压蒸馏，将温度大约 350～500℃的润滑油馏分分离出来，最后剩下的塔底油为渣油，从而实现资源化利用。

（2）短程分子蒸馏。它是一种在高真空条件下，利用不同的分子运动自由程之间的差别实现分离的技术。当加热面与冷凝面的距离小于或等于操作真空度和温度下的被蒸发分子的平均自由程时，该蒸馏过程被称为分子蒸馏。它具有蒸馏温度低、蒸馏真空度高、受热时间短、分离程度高等优点，整个物料分离过程均是物理变化，不会影响矿物油原本的分子结构；采用高真空使矿物油在较低的温度下发生气态相变，分离蒸发的气态组分遇到分子蒸馏器的内置冷凝器，立即变成液态而实现一次性分离，分离温度远远低于导致其分子结构被破坏的温度条件。分子蒸馏是短程蒸馏的一种特殊形式，有时也将分子蒸馏称作短程分子蒸馏。

三、再精制技术

再精制是采用不同的溶剂对废矿物油进行精制处理。早期的硫酸-白土精制工艺由于产生大量的废酸渣，同时该工艺会对设备产生严重的腐蚀，所以该工艺已被淘汰。目前常用的精制工艺通常为溶剂精制工艺，主要原理是利用某些溶剂对废矿物油中所含的烃类与添加剂、氧化物、油泥等溶解度不同的特性，在一定条件下，将废矿物油中的添加剂、氧化物、油泥等除去，然后通过再炼制等工艺进行资源化。目前使用的溶剂精制工艺包括以糠醛为主要溶剂并添加另一种其他溶剂对废矿物油进行精制的工艺；用四碳醇极性溶剂为萃取剂、聚丙烯酰胺为絮凝剂精制废矿物油的工艺；利用正丁醇、异丙酮、甲乙酮处理、去除废矿物油中非理想组分的精制工艺；丙烷脱沥青精制工艺；*N*-甲基吡咯烷酮精制工艺等。这些工艺通常使用在再净化与再炼制之间，也可以与再净化工艺配套使用，最终达到废矿物油资源化的目的。

再精制还包括加氢精制，加氢精制通常与蒸馏工艺配套使用，通常在再炼制之后使用加氢技术，资源化后的油品品质可以达到相关产品的国家标准。

废矿物油资源化技术通常不是上述某个单一模块技术的简单叠加，往往是多个模块的组合。对废矿物油进行再净化是一个必要的环节，后续可以通过几种再精制技术和再炼制技术的组合，达到较好的废矿物油资源化的目的。针对目前的技术水平和设备条件，采用分子蒸馏-加氢精制是一条比较好的废矿物油资源化工艺路线，但是这取决于市场上的废矿物油收集量，具有一定资源化规模才能取得较好的经济效益。

第二节 废催化剂资源化技术

催化剂种类繁多，按状态可分为液体催化剂和固体催化剂，按反应体系的相态分为均相催化剂和多相催化剂。对大多数工业催化剂来说，它的物理性质及化学性质随催化反应进行发生微小的变化，短期很难察觉，然而长期运行过程中这些变化累积起来，造成催化剂活性、选择性的显著下降，这就是催化剂的失活过程。如果这种失活是不可逆的，那么这些催化剂就成了废催化剂，属于名录中 HW50 类危险废物。

废催化剂的资源化技术分为干法、湿法、干湿结合法和不分离法。

一、干法

工业上一般利用加热炉将废催化剂与还原剂及助熔剂一起加热熔融，使金属组分经还原熔融成金属或合金状回收，以作为合金或合金钢原料，而载体则与助熔剂形成炉渣排出。回收某些稀有贵金属含量较少的废催化剂时，往往加进一些铁之类的贱金属作为捕集剂共同进行熔炼。催化剂的更换是有一定期限的，每次更换下的废催化剂数量有限，因此也可将废催化剂作为部分矿源夹杂在矿石之中熔炼。氧化焙烧法、升华法和氯化挥发法也包括在干法之中，由于此法不用水，一般称之为干法。

二、湿法

一般用酸、碱或其他溶剂溶解废催化剂的主要组分，滤液除杂质纯化后，经分离可得到难溶于水的盐类硫化物或金属的氢氧化物等，干燥后按需要再进一步加工成最终产品。有些产品可以作为催化剂原料再次利用，有些则不行。用湿法处理废催化剂，其载体往往以不溶残渣形式存在，需要对残渣进一步处理；若载体随金属一起溶解，金属和载体分离会产生大量废液，需要对废液进一步处理；若金属组分存在于残渣中，则也可用干法还原残渣。贵金属催化剂、加氢脱硫催化剂、铜系及镍系等废催化剂一般采用湿法回收。

三、干湿结合法

含两种以上组分的废催化剂很少单独采用干法或湿法进行回收，多数采用干湿结合法才能达到目的。此法广泛适用于回收物的精制过程。

四、不分离法

此法不将废催化剂活性组分与载体分离，或不将其两种以上的活性组分分离处理，而直接利用原废催化剂进行回收处理。例如：催化剂包含活性组分和载体，在使用一段时间后，载体的结构坍塌，但是活性组分还在，载体的成分也没有变，那么不再进行活性组分和载体分离，而是直接用原催化剂制造新的催化剂；还有的催化剂有钴和锰两种活性组分，在回收时，分离出的钴和锰不分开，把它们直接使用，再去生产新的催化剂。由于此法不分离活性组分及载体，故能耗小、成本低、废弃物排放少、不易造成二次污染，是废催化剂回收利用经常采用的一种方法。

废催化剂的回收利用针对性极强，因此要针对某种废催化剂的组成、含量及载体种类等，具体研究应采用哪一种方法进行回收，另外还要结合企业拥有的设备和能力及回收物的价值、性能、收率、回收费用等，最终比较确定。

第三节 废油泥资源化技术

含油污泥是石油工业中产生量较大的固体废物之一，在原油勘探、生产、运输、储存和精炼过程中会产生大量含油污泥，特别是石油开采和炼制过程中产生的污泥近年来受到越来越多的关注。它是各种石油烃、水、重金属和固体颗粒的混合半固态物质，属于名录中的 HW08 类危险废物。

热解技术是目前国外广泛采用的含油污泥无害化处理的手段，是一种改型的污泥高温处理工艺。在绝氧条件下将油泥加热到一定温度，使油泥中混合的烃类及有机物（主要是油）解吸，剩余的泥渣、烃类及有机物可以回收利用。该方法能很好地回收油泥中的有用资源，不易形成二次污染，实现了对油泥的资源化和无害化处理。同时，由于油泥热解处于中低温还原氛围下，所以二噁英等有害物质不易生成，且有利于回收油质量的提高，也有利于重金属的稳定化作用。热解过程根据操作条件，其主要产物可以是炭、液体或气体，它们可比原始矿物油泥具有更高的热值。在应用方面，可采用回转窑热解法、真空热解法、流化床热解法等三种热解方式，工业规模应用较多的是流化床热解法。

一、回转窑热解法

英国研究院利用一台处理量 1～2kg/h 的回转式连续反应器进行了含油污泥热解的实验研究。该实验以一台回转式连续反应器为核心，电动机上嵌有特殊形状的叶片，带动转轴转动时，使物料在反应器内实现回转式前后往复运动。固体物料进口和残渣出口均由两级气动阀门组成，可减少间歇进料和出料时空气漏入系统的量。反应器内的工作温度一般在 450～650℃，系统所有高温区均为电加热。固体物料进入反应器后，停留 45～60min。热解产生的气体首先经过滤器除尘，然后进入逆流管式冷凝塔，在塔底回收冷凝液，未冷凝气体从塔顶排出，经过滤棉、引风机等在系统出口处点燃。

二、真空热解法

含油污泥的真空热解法是在真空的条件下，利用高温使含油污泥的有机成分发生裂解，挥发性产物在真空泵作用下迅速逸出并形成固体炭渣的一种热处理技术。在真空条件下，以设定的升温速度（50℃/min）加热到反应最终热解温度，保温一定时间。热解反应产生的气体在真空泵的作用下迅速抽离反应器进入低温冷阱，经两级冷凝后得到热解油。未冷凝的部分则通过酸性气体吸收塔和吸收池，净化后的气体被排放。含油污泥真空热解得到的热解油主要成分是碳数从 10～21 的烷烃、烯烃以及苯酚类物质，经分离提纯后，可用作化工原料。热解固体炭渣含有较高的铝和铁，可开发成烟气脱硫材料。

三、流化床热解法

流化床热解气化是利用惰性介质（如石英砂）均匀传热与蓄热的特点以达到热解污泥的目的。由于流化床中的介质是悬浮状态，气固间充分混合、接触，整个炉床温度非常均匀。油泥加入炉中后在短时间内完成热分解，生产气、油及半焦等产物，热量由部分燃烧热解产物来供给。旋风分离器用来分离床料及未完全反应的物料，被分离的床料及未完全反应的物料被送回炉内，流化用的空气及助燃空气由热解炉下部的供风装置供给。

该工艺特点：可控制流化用气体的体积，以及调节相应油泥供给量，该系统可以用于各种油泥的热解；由于介质是悬浮状态，极大地改善了传热条件，使温度得到有效控制；

由于油泥在流化床内热解反应速度比较快，设备的尺寸要比典型的固定床反应器小得多，因此，该技术工业化应用较多。

第四节 废电路板资源化技术

在废电路板中，含有铅、汞、六价铬等重金属，以及作为阻燃剂成分的多溴联苯(PBB)、多溴二苯醚（PBDE）等有毒化学物质，这些物质在自然环境中，会对地下水、土壤造成巨大污染，给人们的生活和身心健康带来极大的危害。同时，在废旧印刷电路板上，包含有色金属和稀有金属近20种，具有很高的回收价值和经济价值，废电路板中有50%～80%的组分是非金属材料。废旧电路板及废电路板上附带的元器件、芯片、插件、贴脚等均属于《国家危险废物名录》中HW49类危险废物。

废电路板资源化技术分为三类，分别是物理法、化学法和生物法。

一、物理法

采用破碎、分选的物理方法，将废电路板中的不同材料分别回收利用。破碎的目的是使废电路板中的金属尽可能地和有机质解离，以提高分选效率。研究发现当破碎粒径在0.6mm时，金属基本上可以达到100%的解离，但破碎方式和级数的选择还要看后续工艺而定。分选是利用材料的密度、粒度、导电性、导磁性及表面特性等物理性质的差异实现分离，目前应用较广的有风力摇床技术、浮选分离技术、旋风分离技术、浮沉法分离及涡流分选技术等。

一般采用机械破碎的方法造成废电路板中各种材料的解离，然后通过静电、磁力、重力等分选方式将金属材料和塑料等材料分开，再将塑料作为复合材料的填料，用于制备复合材料。小于0.1mm的回收塑料颗粒，可以用作地砖、冲浪板的填充料；5mm粒径以下的回收塑料颗粒，可以用作人造木材，使用时将回收塑料颗粒与木屑或玻璃纤维混合均匀，然后添加适量的黏合固化剂冷压，冷压后再进行热压成型；25mm以下的回收塑料颗粒可用作混凝土替代材料。

二、化学法

1. 热解回收法

将废电路板在隔绝空气或者在少量氧气的条件下加热，使废电路板中塑料的化学键断裂，分解成有机小分子，回收得到热解气和热解油。它是回收利用高分子复合材料的常用方法，这种方法可以减少废弃物的数量，所有的热解产物都能以多种形式得到利用。目前热解法回收废电路板中的塑料主要采用两种处理工艺：一种是将废电路板经简单处理后直接热解，再采用物理方法分离回收固体残渣中的金属成分；另一种是把物理回收废电路板中的金属材料和热解回收废电路板中的塑料两个过程串联起来，这样可以防止废电路板中的金属材料被氧化而影响回收。

2. 微波回收法

先将废电路板破碎，然后用微波加热，使有机物受热分解，加热到1400℃左右使玻璃纤维和金属熔化形成玻璃化物质，这种物质冷却后，金、银和其他金属就以小珠的形式分离出来，剩余的玻璃物质可回收利用作为建筑材料。该方法与传统加热方法有显著差异，具有高效、快速、资源回收利用率高、能耗低等优点。

3. 湿法冶金技术

主要是利用金属能够溶解在硝酸、硫酸和王水等酸液中的特点，将金属从废电路板中脱除并从液相中予以回收。它是目前应用较广泛的处理电子废弃物的方法。与火法冶金相比，湿法冶金具有废气排放少、提取金属后残留物易于处理、经济效益显著、工艺流程简单等优点。

4. 溶液回收法

用有机溶剂或无机溶剂将废电路板中塑料的网状交联高分子基体分解或水解成低分子量的线性有机化合物，再将回收的有机化合物作为原料使用或重新合成新的树脂复合材料。其次，对贵金属分离富集，根据溶液中金属含量的不同，设计分离和收集工艺。常用的分类富集法有溶剂萃取法、沉淀法和离子交换法。

三、生物法

微生物吸附可以分为利用微生物的代谢产物来固定金属离子和利用微生物直接固定金属离子两种类型。前者是利用细菌产生的硫化氢固定，当菌体表面吸附了离子达到饱和状态时，能形成絮凝体沉降下来；后者是利用三价铁离子的氧化性使金等贵金属合金中的其他金属氧化变成可溶物而进入溶液，使贵金属裸露出来便于回收。生物技术提取金等贵金属具有工艺简单、费用低、操作方便的优点，但是浸取时间较长，浸取率较低，目前未真正投入使用。

第五节 废活性炭再生技术

活性炭是一种经特殊处理的炭，其表面具有无数细小孔隙，即使是少量的活性炭，也有巨大的表面积，具有很强的吸附作用。因此活性炭应用在水处理、气体净化、溶剂回收等众多日常生活及工业领域。

活性炭因吸附的介质不同、来源不同，所属危险废物类别也不同。固体废物焚烧过程中废气处理产生的废活性炭属于《国家危险废物名录》中HW18焚烧处置残渣；化工行业生产过程中产生的废活性炭、含有或沾染毒性、感染性危险废物的废弃包装物、容器、过滤吸附介质属于HW49其他废物。

目前废活性炭再生技术主要有热再生法、溶剂再生法、生物再生法、电化学再生法等。

一、热再生法

热再生法是发展时间最长、应用最广泛的一种再生方法。热再生过程是利用已经吸附饱和的吸附质实施热分解，使吸附质在高温下解吸，从而使活性炭原来被堵塞的孔隙打开，恢复其吸附性能。施加高温后，分子振动能增加，改变了吸附平衡关系，使吸附质分子脱离活性炭表面进入气相。热再生法由于能够分解多种多样的吸附质而具有通用性，而且再生彻底，一直是再生方法的主流工艺。加热再生一般经过干燥、炭化、活化三个过程。再生过程中，氧对活性炭的消耗很大，因此在再生炉内必须对氧含量严格控制。

二、溶剂再生法

溶剂再生法的原理是利用活性炭、溶剂与被吸附质三者之间的相平衡关系，通过改变温度、溶剂的 pH 值等条件，打破吸附平衡，将吸附质从活性炭上脱附下来。根据所用溶剂的不同可分为无机溶剂再生法和有机溶剂再生法。前者采用无机酸（硫酸、盐酸等）或碱（氢氧化钠等）作为再生溶剂；后者用苯、丙酮及甲醇等有机溶剂，萃取吸附在活性炭上的吸附质。

三、生物再生法

活性炭生物再生技术主要借助大量繁殖的微生物来实现活性炭表面吸附质的降解，将有机物分解成二氧化碳和水。基于此原理，生物再生法较适合于吸附有机污染物导致失活的活性炭。此方法优点在于基本能不破坏活性炭原本的结构，再生后可以按原用途继续使用；缺点是针对不同种类的吸附质要有针对性地培养微生物，而微生物的培养周期较长，同时微生物降解活性炭中的吸附质周期也相对较长。

四、电化学再生法

它是一项比较有应用前景的再生工艺技术。电化学再生法的工作原理如同电解池的电解，在电解质存在的条件下将吸附质脱附并氧化，使活性炭得以再生。该方法将活性炭填充在两个主电极之间，在电解液中加以直流电场，活性炭在电场作用下被极化，一端呈阳极，一端呈阴极，形成微电解槽，吸附在活性炭上的污染物大部分被分解，小部分因电泳力作用发生脱附而使活性炭再生。电化学再生操作采用间歇搅拌电化学反应器或固定床反应器。

第三篇

危险废物项目运营管理

危险废物经营单位是危险废物的消纳场所，也可能是危险废物的产生源。特别是对综合性的危险废物经营单位，通常包括焚烧系统、填埋系统、物化系统、污水处置系统，还有的包括综合利用处置系统，如有机溶剂提纯、废矿物油回收、废铅酸电池回收、废金属回收等，在处置或利用危险废物的同时，大部分处置系统还会再次产生危险废物。因此，危险废物经营单位唯有做好危险废物的全过程管理，才能降低因危险废物处理不当而带来的环境风险，确保危险废物处置及时、安全、环保，践行生态文明理念。

危险废物全过程管理包括危险废物拟进入处置设施、运输进入处置设施到处置完毕的整个流转过程，以及与危险废物流转过程相关的人员培训、环境监测、运行设施及监测设施维护、规章制度、安全环保检查、应急预案演练、事故报告、定期报告等方面内容。在《危险废物规范化管理指标体系》中明确了全过程管理的内容，并通过《危险废物经营单位记录和报告经营情况指南》进一步明确了要求。

本篇主要介绍与生产经营直接相关的各环节的运营管理，包括危险废物的收集、运输、准入、检测和贮存等内容。

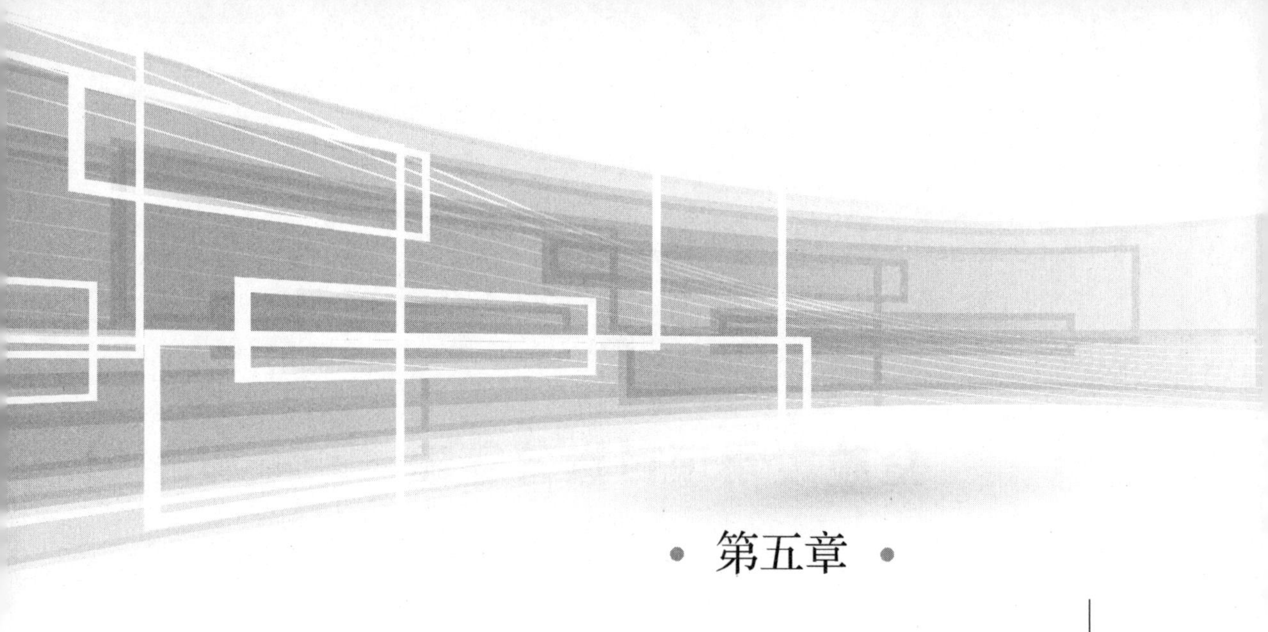

第五章

危险废物收集、运输管理

第一节 相关法律法规

相关法律法规包括：

《危险废物收集 贮存 运输技术规范》(HJ 2025—2012)

《危险废物贮存污染控制标准》(GB 18597—2001)

《危险废物贮存、转运工具、处置场所及包装物危险废物标志标识设置指引》

《道路危险货物运输管理规定》

《道路危险货物运输安全技术要求》

《危险货物道路运输营运车辆安全技术条件》

《道路运输车辆技术管理规定》

《汽车运输危险货物规则》(JT 617—2004)

《医疗废物专用包装物、容器标准和警示标识规定》

《医疗废物集中处置技术规范》

《危险废物转移联单管理办法》

危险废物产生后应盛装在专用包装物中，同时包装物上应设置清晰的标签，贮存于符合规定的贮存场所。当危险废物需要转运出厂时，应使用符合相关要求的专用车辆，同时随车携带危险废物转移联单，按照指定路线运输到集中处置场所。

对危险废物的收集和运输过程有严格的管理要求，《危险废物收集 贮存 运输技术规范》中详细说明了危险废物收集的要求；《危险废物贮存污染控制标准》详细说明了危险废物的贮存要求、标识要求；《危险废物贮存、转运工具、处置场所及包装物危险废物标志标识设置指引》中对危险废物的标识使用场合和方式进一步明确了要求；《道路危险货物运输管理规定》《道路危险货物运输安全技术要求》《危险货物道路运输营运车辆安全技术条件》《道路运输车辆技术管理规定》《汽车运输危险货物规则》等技术规范给出了对危险废物运输车辆自身和运输过程中的详细要求；对于危险废物中较特殊的医疗废物，《医疗废物专用包装物、容器标准和警示标识规定》《医疗废物集中处置技术规范》对医疗废物的包装物、标识、收集及运输要求进行了详细的说明；《危险废物转移联单管理办法》则要求所有危险废物在转移的过程中，必须随车携带危险废物转移联单，而如何使用危险废物转移联单，在本办法中也给出了明确的说明。

第二节　规范化管理

从事危险废物收集、运输经营活动的单位应具有危险废物经营许可证和道路运输经营许可证（危险废物），如果危险废物经营单位不具有道路运输经营许可证（危险废物），也可以委托有资质的第三方完成运输活动。危险废物转移过程应按《危险废物转移联单管理办法》执行。危险废物收集、运输单位应建立规范的管理制度和技术人员培训制度，定期针对管理人员和技术人员进行培训，培训内容至少包括危险废物鉴别要求、危险废物经营许可证管理、危险废物转移联单管理、危险废物包装和标识、危险废物运输要求、危险废物事故应急方法等。危险废物收集、运输单位应编制应急预案，一旦发生意外事故应根据风险采取措施。危险废物收运时应按易燃性、腐蚀性、毒性、反应性和感染性等，将危险废物进行分类、包装并设置相应的标识及标签。废铅酸蓄电池的收集、运输应按《废铅酸蓄电池处理污染控制技术规范》执行。医疗废物经营单位进行的危险废物收集、运输应按《医疗废物集中处置技术规范》等相关标准执行。

一、危险废物收集

依据《危险废物收集 贮存 运输技术规范》，危险废物的收集过程应包括收集实施、包装要求、标识要求、内部贮存要求。

（一）收集实施

1. 收集计划制订

危险废物经营单位应根据危险废物产生的工艺特征、排放周期、危险特性、危险废物管理计划等制订收集计划。收集计划应包含产废企业名称、废物名称及种类、特性评估、量值估算、容器使用类型、防护和应急设施配备等。

2. 收集操作规程

针对危险废物的收集，经营单位应制定详细的操作规程，内容至少应包括适用范围、收集操作程序和方法、专用设备和工具、转移和交接、安全保障和应急防护等。危险废物收集和转运作业人员应根据工作需要配备必要的个人防护装备，如手套、防护镜、防护服、防毒面具或口罩等；在危险废物的收集和转运过程中，应采取相应的安全防护和污染防治措施，包括防爆、防火、防中毒、防感染、防泄漏、防飞扬、防雨或其他防止环境污染的措施。危险废物收集时应根据危险废物的种类、数量、危险特性、物理形态、运输要求等因素确定包装形式，同时确保包装材质与危险废物相容。

3. 收集注意事项

在危险废物收集的过程中，应根据收集设备、转运车辆以及现场人员等实际情况确定相应作业区域，同时要设置作业界限标志和警示牌；作业区域内应设置危险废物收集专用通道和人员避险通道；收集时应配备必要的收集工具和包装物，以及必要的应急监测设备及应急装备；收集结束后应清理和恢复收集作业区域，确保作业区域环境整洁安全；收集过危险废物的容器、设备、设施、场所及其他物品转作他用时，应消除污染，确保其使用安全。

（二）包装要求

1. 常规包装容器的种类及选用

在危险废物产生节点将危险废物集中到适当的包装容器中或运输车辆上，包装容器应与所盛装废物相容，性质类似的废物可以收集到同一包装物中，禁止使用破损的容器进行包装。盛装危险废物的包装容器通常包括200L小口桶、200L开口桶、IBC吨箱、25L塑料桶、纸箱、吨袋等。例如：一些少量的废液可以使用25L塑料桶盛装，大量的废液可以使用吨箱或200L小口桶盛装；一些含水量稍高的固态废物可以使用200L开口桶盛装；一些少量的瓶装实验室化学试剂可以采用纸箱盛装，如果是玻璃瓶装，中间应使用软质材料隔离，避免运输及装卸过程中由于碰撞而损坏；如果200L小口桶和吨箱使用后，导致变形和损坏，已经不具备原使用功能，则可以将其上端面人为打开，降级使用，盛装一些性质相对稳定的废物或散装废物。一般盛装废液的包装桶，内部盛装的废液不应太满，大约80%左右即可，应预留一定的空间，避免因为气温、废物状态的变化，导致膨胀或溢出。常见的常规包装容器参见图5-1～图5-6所示。

图5-1 25L塑料桶

图5-2 纸箱

盛装危险废物的容器及材质应满足相应的要求，且应完好无损，容器的材质和衬里要和盛装危险废物相容。常见的不同种类的危险废物与一般容器的化学相容性详见表5-1。

图 5-3　200L 小口铁桶

图 5-4　IBC 吨箱

图 5-5　200L 开口铁桶

图 5-6　200L 开口塑料桶

表 5-1　常见危险废物与一般容器的化学相容性（摘自 GB 18597 附录 B）

	容器或衬垫的材料							
	高密度聚乙烯	聚丙烯	聚氯乙烯	聚四氟乙烯	软碳钢	不锈钢		
						$0Cr_{18}Ni_9$（GB）	Mo_3Ti（GB）	$9Cr_{18}MoV$（GB）
酸（非氧化）如硼酸、盐酸	R	R	A	R	N	*	*	*
酸（氧化）如硝酸	R	N	N	R	N	R	R	*
碱	R	R	A	R	N	R	*	R
铬或非铬氧化剂	R	A*	A*	R	N	A	A	*
废氰化物	R	R	R	A*-N	N	N	N	N
卤化或非卤化溶剂	*	N	N	*	A*	A	A	A
金属盐酸液	R	A*	A*	R	A*	A*	A*	A*
金属淤泥	R	R	R	R	R	*	R	*
混合有机化合物	R	N	N	A	R	R	R	R
油腻废物	R	N	N	R	A*	R	R	R
有机淤泥	R	N	N	R	R	*	R	*
废漆油（原於溶剂）	R	N	N	R	R	R	R	R
酚及其衍生物	R	A*	A*	R	N	A*	A*	A*

续表

	容器或衬垫的材料							
	高密度聚乙烯	聚丙烯	聚氯乙烯	聚四氟乙烯	软碳钢	不锈钢		
						$0Cr_{18}Ni_9$ (GB)	Mo_3Ti (GB)	$9Cr_{18}MoV$ (GB)
聚合前驱物及产生的废物	R	N	N	*	R	*	*	*
皮革废物(铬鞣溶剂)	R	R	R	R	N	*	R	*
废催化剂	R	*	*	A*	A*	A*	A*	A*

注：A 表示可接受；N 表示不建议使用；R 表示建议使用；* 表示因变异性质，请参阅个别化学品的安全资料。

在危险废物贮存时，一方面考虑所盛装危险废物与包装容器的相容性，另一方面还要考虑在贮存时危险废物自身不同种类之间互相发生反应的可能性，常见的不相容危险废物见表 5-2 所示。

表 5-2 部分不相容的危险废物性质表（摘自 GB 18597 附录 B）

不相容危险废物		混合时会产生的危险
甲	乙	
氰化物	酸类、非氧化	产生氰化氢，吸入少量可能会致命
次氯酸盐	酸类、非氧化	产生氯气，吸入可能会致命
铜、铬及多种重金属	酸类、氧化，如硝酸	产生二氧化氮、亚硝酸烟，引致刺激眼目及烧伤皮肤
强酸	强碱	可能引起爆炸性的反应及产生热能
氨盐	强碱	产生氨气，吸入会刺激眼目及呼吸道
氧化剂	还原剂	可能引起强烈及爆炸性的反应及产生热能

2. 针对医疗废物包装容器的特殊要求

对于医疗废物有专门的包装容器和标识，通常使用包装袋、利器盒、周转箱或周转桶来盛装医疗废物，详见图 5-7～图 5-9。在《医疗废物专用包装物、容器标准和警示标识规定》中，对这三种包装容器的材质使用要求、技术性能要求、外观要求、包装规格尺寸要求等各项内容进行了详细的规定。医疗废物的各种包装及标识均应使用其专用标识，详见图 5-10。

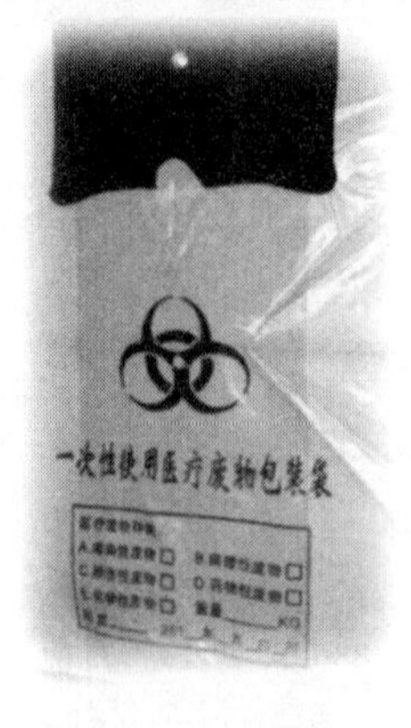

图 5-7 包装袋

图 5-8 利器盒

图 5-9　周转桶

图 5-10　医疗废物标识

（三）标识要求

1. 总体要求

《危险废物贮存污染控制标准》中提到“盛装危险废物的容器上必须粘贴符合本标准附录 A 所示的标签”，包装容器均应粘贴符合要求的标签，标签的颜色、样式、填写内容应严格按照本标准执行；其中附录 A 危险废物标签（样式详见图 5-11）中的“危险类别”图形标志不是固定不变的，需要使用时根据废物的危险特性在本附录中选择合适的危险类别符号。例如，容器中盛装的是石棉废物，则标签上的危险类别符号应进行相应替换，如图 5-12 所示。在标签印制时，危险废物经营单位应根据许可证上注明的资质范围内的危险废物特性，选择带有对应危险类别符号的标签进行印制。危险废物种类标志详见图 5-13 所示。

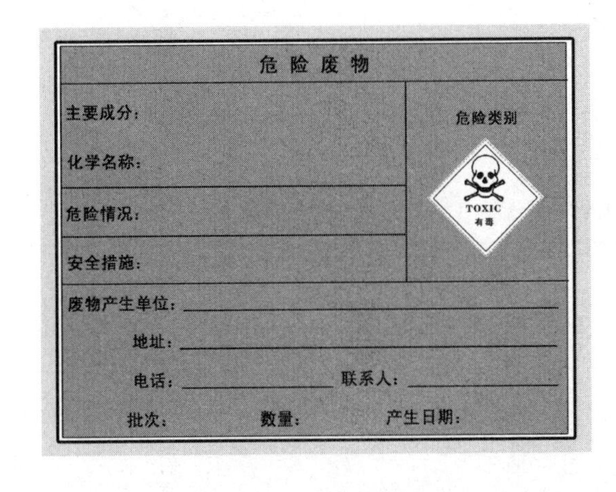

危险废物

主要成分：

化学名称：

危险情况：

安全措施：

危险类别

TOXIC

有毒

废物产生单位：

地址：

电话：　联系人：

批次：　数量：　产生日期：

图 5-11　危险废物标签

图 5-12　石棉废物的危险类别符号

不同种类的废物对应不同的危险分类，详情可参见表 5-3，然后再对应设置危险废物标签上的“危险类别”。

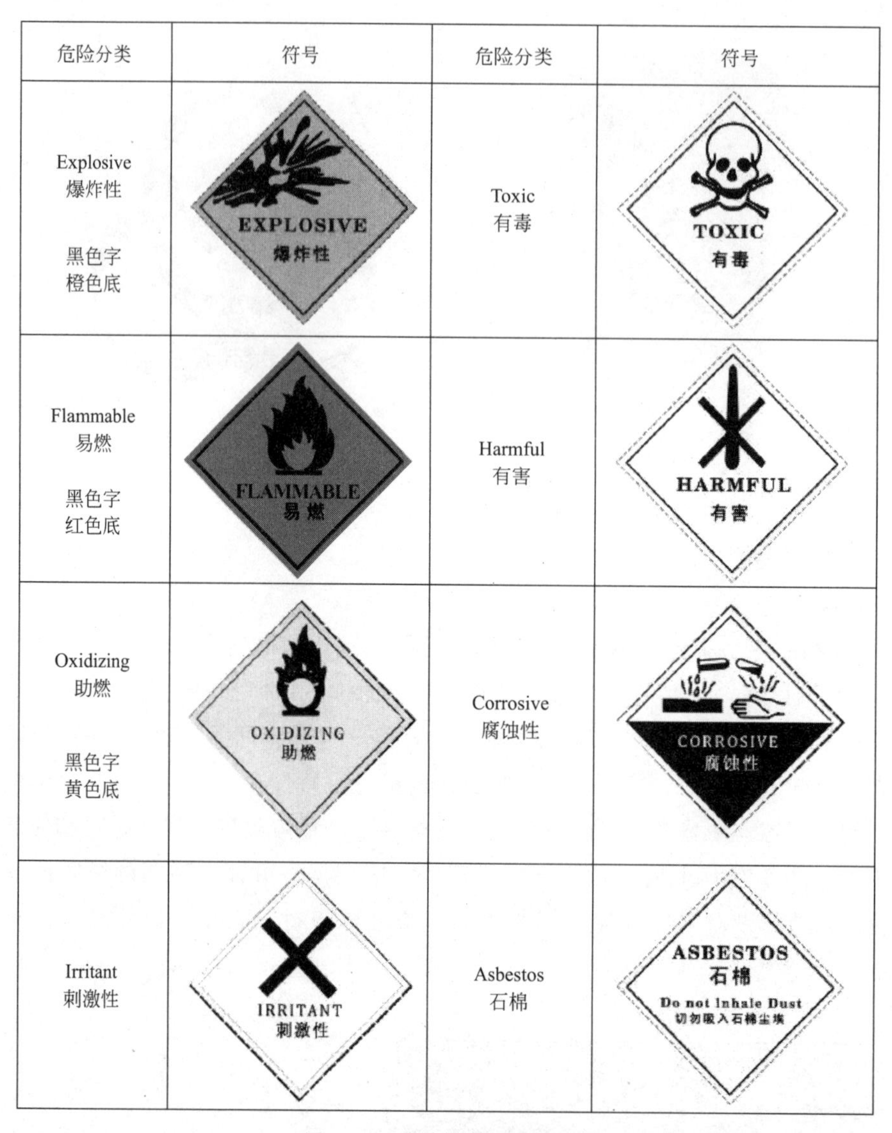

图 5-13 危险废物种类标志

表 5-3 一些危险废物的危险分类（摘自 GB 18597 附录 B）

废物种类	危险分类
废酸类	刺激性/腐蚀性（视其强度而定）
废碱类	刺激性/腐蚀性（视其强度而定）
废溶剂如乙醇、甲苯	易燃
卤化溶剂	有毒
油-水混合物	有害
氰化物溶液	有毒
酸及重金属混合物	有毒/刺激性
重金属	有害
含六价铬的溶液	刺激性
石棉	石棉

2. 扩展要求

《危险废物贮存污染控制标准》中给出了标识的样式和颜色，明确了危险废物贮存必须使用对应的标识。《危险废物贮存、转运工具、处置场所及包装物危险废物标志标识设置指引》又进一步规范和统一了危险废物贮存、利用、处置场所及包装物、转运设备的标识使用。

当危险废物盛装在形状规则的纸箱、铁桶、IBC箱等包装容器中时，可以使用可粘贴的标签，标签样式见图5-11，标签大小可制作成20cm×20cm；当危险废物不适宜盛装在形状规则的容器中或是装在包装袋中，在包装表面不适宜粘贴标签，则可以使用系挂标签，标签样式见图5-14，标签大小可制作成10cm×10cm；当危险废物不适宜存放在容器中，而是堆存在贮存设施内，则可以使用标志牌，标志牌样式见图5-15，支撑杆距地面120cm。

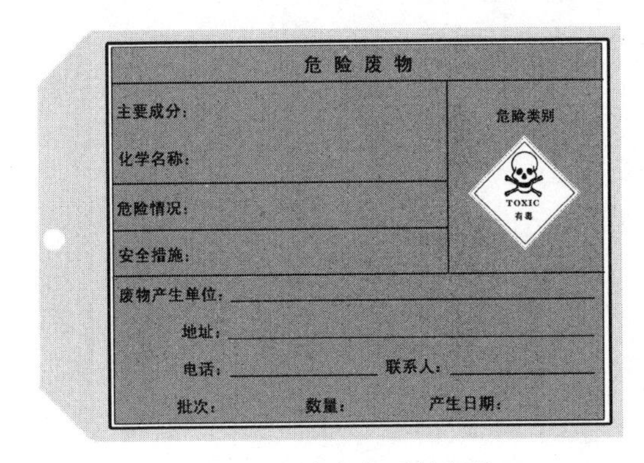

图5-14　危险废物系挂标签

图5-15　危险废物标志牌

（四）内部贮存要求

危险废物的贮存分为产生单位内部贮存、中转贮存和集中贮存，无论哪一种贮存方式，贮存设施内的要求都是一致的。将已包装或装到运输车辆上的危险废物集中到危险废物产生单位的内部临时贮存设施中，由危险废物经营单位负责运输到处置现场；危险废物贮存场所应该分区存放，区与区之间可以采用物理隔离，有通风设施。所有危险废物贮存场所应有危险废物贮存标志，贮存相关管理要求详见第八章。

二、危险废物运输

在危险废物的运输过程中，首先应该确保运输车辆有运输危险废物的资质，其次要确保运输车上装有与所载废物相对应的应急处理工具、运输人员使用的应急药品，最后要确保运输及押运人员有相应资质，掌握应急处置措施。另外，要遵守固废法中“第八十三条　运输危险废物，必须采取防止污染环境的措施，并遵守国家有关危险货物运输管理的规定。禁止将危险废物与旅客在同一运输工具上载运”的规定。

（一）危险废物转移联单管理

依据《危险废物转移联单管理办法》，转运危险废物时应随车携带相应的危险废物转移联单，样式参见图5-16。

危险废物转移联单　　编号________

第一部分：废物产生单位填写

产生单位________单位盖章　电话________

通讯地址________邮编________

运输单位________电话________

通讯地址________邮编________

接受单位________电话________

通讯地址________邮编________

废物名称________类别编号________数量________

废物特性：________形态________包装方式________

外运目的：中转贮存□　利用□　处理□　处置□

主要危险成分________禁忌与应急措施________

发运人________运达地点________转移时间____年____月____日

第二部分：废物运输单位填写

运输者须知：你必须核对以上栏目事项，当与实际情况不符时，有权拒绝接受。

第一承运人________运输日期________年____月____日

车（船）型：________牌号________道路运输证号________

运输起点________经由地________运输终点________运输人签字________

第二承运人________运输日期________年____月____日

车（船）型：________牌号________道路运输证号________

运输起点________经由地________运输终点________运输人签字________

第三部分：废物接受单位填写

接受者须知：你必须核实以上栏目内容，当与实际情况不符时，有权拒绝接受。

经营许可证号________接受人________接受日期________

废物处置方式：利用□　贮存□　焚烧□　安全填埋□　其他□

单位负责人签字________单位盖章　日期________

第一联　产生单位

注：此联交付运输单位与废物转移运行，经废物接受单位盖章后交废物产生单位。

图 5-16　危险废物转移联单样本

1. 危险废物转移联单的流转

产废企业在转移危险废物前，按照产废企业当地环境保护行政管理部门制定的申办联单的办法，填写完毕转移联单并加盖公章后，将纸质联单与危险废物同时交与运输单位和危险废物处置设施负责接收的相关人员。

废物接收部门人员应当按照联单填写的内容对危险废物核实验收，并在接收后及时进行电子联单的填写并将电子联单提交废物接收地和废物产生地的环境保护行政管理部门，同时如实填写纸质联单中接收单位栏目（此栏目的内容与提交电子版的联单内容一致）并加盖公章。

接收单位应当将联单第一联、第二联副联自接收危险废物之日起十日内交付废物产生单位。联单第一联由废物产生单位自留存档，联单第二联副联由废物产生单位在二日内报送移出地环境保护行政主管部门。接收单位将联单第三联交付运输单位存档，将联单第四联自留存档，将联单第五联自接收危险废物之日起二日内报送接收地环境保护行政主管部门。

2. 危险废物转移联单使用注意事项

危险废物产生单位每转移一车、船（次）同类危险废物，应当填写一份联单。每车、船（次）有多类危险废物的，每一类危险废物应当对应填写一份转移联单。

举例1：产废单位甲向危险废物经营单位A转移“900-048-50废液体催化剂”危险废物，只需要一辆运输车转运时，此时只需要运行一份危险废物转移联单；如果需要多辆运输车转运时，则每辆运输车都应运行一份危险废物转移联单。

举例2：产废单位甲向危险废物经营单位A转移“900-048-50废液体催化剂”和“900-039-49化工行业生产过程中产生的废活性炭”两种危险废物，同时两种危险废物使用同一辆运输车进行转运时，此时需要运行两份危险废物转移联单。

举例3：产废单位甲向危险废物经营单位A转移“900-048-50废液体催化剂”危险废物，产废单位乙向危险废物经营单位A转移“900-039-49化工行业生产过程中产生的废活性炭”，两种危险废物使用同一运输车辆转运，此时需要运行两份危险废物转移联单。

如接收单位相关部门验收发现危险废物的名称、特性、形态、包装方式等信息内容与联单填写内容不符时，可拒绝接收危险废物并与产废企业相关人员按合同规定协商解决。

按照《危险废物转移联单管理办法》要求，联单的保存期限为5年。贮存危险废物的企业，其联单保存期限与危险废物贮存期限相同。环境保护行政主管部门认为有必要延长联单保存期限的，产生单位、运输单位和接收单位应当按照要求延期保存联单。

目前，全国大部分省市已采用危险废物转移电子联单，即便如此，在危险废物转移的过程中，仍需要打印纸质联单随车携带。电子联单主要用在“申请”和“办结”阶段，与纸质联单相比，电子联单省去了到上级环保主管部门现场办理的过程，体现出它的便捷性。

（二）危险货物运输要求

1.《道路运输危险货物车辆标志》相关要求

按照本要求，运输车辆应该正确使用标志灯和标志牌。

标志灯安装于驾驶室顶部外表面中前部（从车辆侧面看）中间（从车辆正面看）位置，以磁吸或顶檐支撑、金属托架方式安装固定。对于带导流罩车辆，可视导流罩表面流线形和选择的金属托架角度确定安装位置，允许自制金属托架，允许在金属托架与导流罩间加衬垫，应保证标志灯安装正直。

标志牌一般悬挂于车辆后厢板或罐体后面的几何中心部位附近，避开车辆放大号；对于低栏板车辆可视情况选择适当悬挂位置。运输爆炸、剧毒危险货物的车辆，应在车辆两侧面厢板几何中心部位附近的适当位置各增加一块悬挂标志牌。根据车辆结构或用途，选择螺栓固定、铆钉固定、黏合剂粘贴固定或插槽固定（可按使用需要随时更换）等方式安装固定标志牌。对于罐式车辆，可选择按规定位置悬挂标志牌或以反光材料在罐体上喷绘标志。

车辆驾驶员应对使用中的车辆标志进行经常性检查和维护，保持车辆标志的清洁和完好。车辆在装、卸载可能导致车辆标志腐蚀、失效的化学危险品后，应及时对车辆标志进行检查，必要时对车辆标志进行清洗和擦拭。标志灯正常使用期限为2年，标志牌正常使用期限为4年。在使用期限内车辆标志发生破损、失效时，应及时更换。

2.《危险货物道路运输营运车辆安全技术条件》相关要求

该要求对于危险货物运输车辆的整车、制动系统、主动安全预警、出厂信息、选型要求、特殊要求都给出了明确的规定，企业在采购运输车辆时，或者与第三方签订运输合同时，可以参考本标准对车辆信息进行核查并配备适宜的车辆。

3.《道路危险货物运输安全技术要求》相关要求

按照本要求，道路危险货物运输车辆应每车至少配备各1名具有危险货物运输从业资格的与本单位签订劳动合同的驾驶员、押运员和装卸管理人员。如果危险废物经营单位采用第三方运输公司，则上述人员应与第三方运输公司签订劳动合同。司机应有符合适驾车型的驾驶证，押运员应有危险货物押运员证。道路危险货物运输企业或单位的主要负责人和安全生产管理人员应经有关主管部门考核合格。道路危险货物运输企业或单位应建立符合本企业或单位危险货物运输特点的安全生产管理制度、操作规程、事故预防措施及事故应急预案。道路危险货物运输企业或单位应依法设置安全管理机构，配备专职安全管理人员。

4.《道路危险货物运输管理规定》相关要求

按照本要求，专用车辆应当安装具有行驶记录功能的卫星定位装置。配备与运输的危险货物性质相适应的安全防护、环境保护和消防设施设备。专用车辆的驾驶人员取得相应机动车驾驶证，年龄不超过60周岁。从事道路危险货物运输的驾驶人员、装卸管理人员、押运人员应当经所在地设区的市级人民政府交通运输主管部门考试合格，并取得相应的从业资格证；从事剧毒化学品、爆炸品道路运输的驾驶人员、装卸管理人员、押运人员，应当经考试合格，取得注明为“剧毒化学品运输”或者“爆炸品运输”类别的从业资格证。驾驶人员、装卸管理人员和押运人员上岗时应当随身携带从业资格证。企业应当配备专职安全管理人员，有健全的安全生产管理制度。不得使用罐式专用车辆或者运输有毒、感染性、腐蚀性危险货物的专用车辆运输普通货物。专用车辆应当按照《道路运输危险货物车辆标志》的要求悬挂标志。在道路危险货物运输过程中，除驾驶人员外，还应当在专用车辆上配备押运人员，确保危险货物处于押运人员监管之下。道路危险货物运输途中，驾驶人员不得随意停车。道路危险货物运输企业或者单位应当要求驾驶人员和押运人员在运输危险货物时，严格遵守有关部门关于危险货物运输线路、时间、速度方面的有关规定，并遵守有关部门关于剧毒、爆炸危险品道路运输车辆在重大节假日通行高速公路的相关规定。

5. 工信部联产业［2011］632号文件相关要求

文件中要求，危险货物运输车、总质量大于12t的货车应装备缓速器或其他辅助制动装置，其中危险货物运输车应装备限速装置，限速装置设定的最高时速不得超过80km，前轮应装备盘式制动器；厢式货车和厢式挂车应装备符合规定的反射器型车身反光标识；所有货车均应在驾驶室两侧喷涂总质量参数，半挂牵引车喷涂最大允许牵引质量参数，栏板货车和自卸货车还应喷涂栏板高度参数。

6.《医疗废物集中处置技术规范》相关要求

在本技术规范的“第四章 医疗废物的运送”中，对有关医疗废物运送车辆的要求、运送过程的要求、相关设备设施的消毒和清洗要求、水域运送的特殊要求、运送人员的专业技能和职业卫生防护要求、应急措施等做出了详细的规定。

从上述各项文件要求可知，危险废物经营单位无论是自己取得道路运输经营许可证

(危险废物),还是委托第三方运输单位完成运输服务,均应关注上述内容,一方面对自己的运输人员队伍、车辆等进行管理,另一方面也需要对第三方运输单位进行有效监督。

第三节 经验总结

一、危险废物收集计划的制订

危险废物经营单位的收集计划中应体现危险废物名称、危险废物状态、产生单位、包装容器、危险特性等重要信息,危险废物收集计划样表参见表 5-4。制订危险废物收集计划有利于危险废物经营单位规范化管理。

1. 便于调度运输车辆

危险废物经营单位持有的许可证上许可经营的危险废物类别通常不止一种,一般包括几种到几十种类别的危险废物。针对不同种类特性、物理状态的危险废物,使用的运输车辆、携带的应急处置物资、人员佩戴的劳动防护用品均有差异,因此一个详细的、准确的危险废物收集计划,可以帮助危险废物经营单位合理调度车辆,更好满足对不同产废单位废物的运输接收需求。

2. 便于库房贮存安排

危险废物经营单位对于库房的使用有一个总体的规划,危险废物的贮存应该按照其相容性进行分库、分区存放。因此一个详细的危险废物收集计划可以帮助库房管理人员对库房区域进行合理分配,库房管理人员能够结合危险废物收集计划和近期危险废物处置计划,将危险废物存放于合适的位置,进而实现快速精准出库,以提高生产线的处置效率。

3. 便于制订处置计划

针对一些综合性的处置中心,生产处置线会比较多,一个详细的危险废物收集计划,可以让处置计划编制者了解近期危险废物入厂情况,设计安排同时进入生产线 A 的危险废物种类、不能进入生产线 B 的废物、以及物料如何进行配伍等,从而提高生产线的处置效率。

表 5-4 危险废物收集计划(样表)

收集日期	废物名称	产废单位	所属类别	物理形态	危险特性	预计数量/吨	包装方式及规格	需携带包装物名称

二、危险废物标签管理

(一)标签粘贴时间

对于何时粘贴危险废物标签,有些经营单位认为,危险废物入库之后再统一粘贴即可，其实不然。按照《危险废物贮存污染控制标准》中“7.3 不得接收未粘贴符合 4.9 规定的标签或标签没有按规定填写的危险废物”以及《危险废物收集 贮存 运输技术规范》中 5.6 条“（4）包装好的危险废物应设置相应标签，标签信息应填写完整翔实”，危险废物运输到处置现场前，就应将标签贴好。运输过程中的危险废物包装上如果没有粘贴标签，是不符合要求的。

（二）标签粘贴位置

相关标准中没有对危险废物包装容器上标签的粘贴位置做统一规定，但是考虑到标准化管理的需要，经营单位可以自行统一标签的粘贴方法，例如粘贴位置要求、书写要求等。对于包装容器不易粘贴标签的，需要悬挂标签或标志牌时，同样应考虑企业的标准化管理。

（三）正确选择标签

应注意正确使用危险废物标签。危险废物种类、危险特性不同，标签上的“危险类别”符号也不同，一个标签上可以有一种或多种“危险类别”符号，但是应与容器盛装的危险废物相一致，避免错误使用或过多使用。

三、危险废物转移联单管理

按照《危险废物转移联单管理办法》第十条中“联单保存期限为五年”的要求，危险废物转移联单保存 5 年时间即可。《危险废物经营许可证管理办法》第十八条规定：“危险废物经营单位应当将危险废物经营情况记录簿保存 10 年以上，以填埋方式处置危险废物的经营情况记录簿应当永久保存。终止经营活动的，应当将危险废物经营情况记录簿移交所在地县级以上地方人民政府环境保护主管部门存档管理。”考虑到转移联单是作为企业经营记录簿的一部分进行管理，建议也应该留存 10 年。

另外，如果经营单位配置了危险废物安全填埋场，同时还有其他危险废物处置或利用设施，而从转移联单上较难区分哪些转移联单上所列废物是安全填埋处置、哪些是非安全填埋处置，建议所有的转移联单一并永久保存。

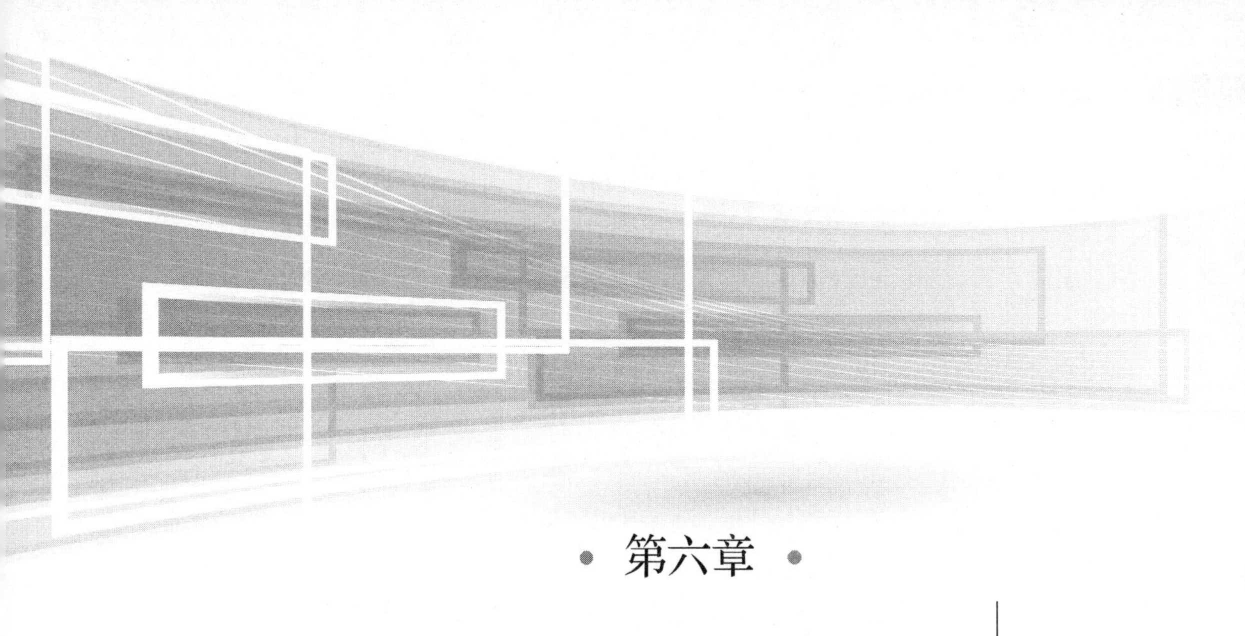

第六章

危险废物准入管理

第一节 相关法律法规

相关法律法规包括：

《中华人民共和国固体废物污染环境防治法》

《危险废物经营许可证管理办法》

《危险废物转移联单管理办法》

《危险废物经营单位记录和报告经营情况指南》

固废法是危险废物管理的基本法，其中的第六章对危险废物的全过程管理提出了总体要求。固废法第六章第八十条“禁止无许可证或者未按照许可证规定从事危险废物收集、贮存、利用、处置的经营活动”，因此在《危险废物经营许可证管理办法》中明确了企业应如何取得、使用、管理危险废物经营许可证，同时在取得许可证的前提下，应通过准入控制，确保经营单位收集的危险废物符合资质范围与要求。固废法第六章第八十一条规定“收集、贮存危险废物，应当按照危险废物特性分类进行”，因此在危险废物入厂前，根据从产废单位得到的一手信息和经营单位分析检测的直接信息，对危险废物进行分类收集和贮存。固废法第六章第八十二条要求“转移危险废物的，应当按照国家有关规定填写、运行危险废物电子或者纸质转移联单”，可见危险废物在转移过程中应该使用危险废物转移联单，而《危险废物转移联单管理办法》则给出了具体的执行层面的详细要求。危险废物进入集中处置厂时，应在准入过程中核对实际转移的危险废物信息与转移联单上的各项信息，两者相符才能进厂。

《危险废物经营单位记录和报告经营情况指南》中的第三章第一部分“危险废物分析及试验相关记录”要求危险废物经营单位应该对进厂废物有详细分析、接收分析和其他分析等，明确其主要危险成分种类和量值，而这其中的主要工作需要在准入阶段来完成。

第二节 规范化管理

虽然在国家的相关法律法规中，没有提出“准入”这个概念，但是从法律法规的管理要求不难看出，准入过程管理是必不可少的，特别是从全过程管理的完整性和必要性出发。结合危险废物处置项目运营的相关经验，有必要将“准入管理”引入全过程管理中。

“准入”顾名思义，即为允许进入的意思，针对危险废物处置过程，可以理解为危险废物在进入处置厂之前应满足哪些条件才被允许进厂，同时处置厂需要实施哪些监控手段确认其满足各项条件才能允许该危险废物进厂。“准入管理”不是单一的工作过程，而是几个工作模块的有机统一，其中包括危险废物信息的收集、实验室取样和检测、处置合同的签订、危险废物运输、危险废物的进厂等，这一系列工作环节构成了“准入管理”。因为每一个模块都是进入下一个模块的必要前提，缺一不可，所以有必要对这个系列的工作模块进行规范化管理。

一、危险废物信息收集

危险废物种类繁多、成分复杂，产生情况也不尽相同，即便是同一类的危险废物，来自不同的产废企业，其废物性质形态也会千差万别。同时，危险废物多数具有显著的危险特性，其运输、贮存、处置方式也各有不同，必须避免不相容废物混杂在一起的情况，否则将给后续的处置带来较高的风险，更有可能发生安全事故。因此，在废物收集处置的第一道环节，与产废企业接触时，首先应该对废物相关信息进行收集，且信息要全面、真实，便于后续各项工作的开展，确保安全。

危险废物经营单位应对其客户（产废单位）产生废物的情况建立详细的信息数据库。危险废物信息应包括产废企业废物的危险特性、废物名称、产生工艺、主要化学成分、种类以及物理形态、常用包装物（或建议包装物）、产生数量、产生频次（周期）、废物产生和贮存现场情况等信息。如有必要也可向产废企业索要化学品安全说明文件。

二、危险废物取样检测

在信息收集环节中，常有产废企业无法提供需要的产废信息，如废物热值、元素含量、水含量、灰分或运动黏度等相关物性数据，而这些信息对于判断这批废物能否处置时往往十分关键，特别是对于不熟悉的废物，因此，在准入判定之前，经营单位应当取样检测。取样的代表性和准确性会直接影响检测结果的准确性，因此，如有可能，最好由实验室专业人员进行取样，然而，实际中经常是由客户或业务人员进行取样，因此需要对业务人员进行取样的相关培训，满足一些基本的取样要求，包括取样点的分布、取样数量、取样信息及取样安全等。

通过前期的信息收集，确定取样数量及检测项目，根据检测结果做出技术判断，得出是否可以处置、如何处置、安全环保注意事项等初步结论，为业务员的合同签订提供必要的依据。

三、签订危险废物处置合同

在详细了解产废企业的产废情况，并判断危险废物经营单位的资质满足产废单位的处置需求后，进入合同签订环节。在与产废企业签订危险废物处置合同时，应根据产废企业废物产生周期和情况选择合作模式。通常分为以下三种情况。

（1）对于长期正常运转的、种类稳定的危险废物产生单位，应签订长期固定的危险废物处置合同，预估该产废企业的废物产生种类、需转运数量、转运频次（周期）等信息，以便做好相关废物转运计划以及处置安排。另外在每次合同周期结束后，应对产废企业的废物产生情况进行重新梳理，如果产废企业出现技改、新增生产线等情况，需要及时修改合同中约定的废物类别等事项。

（2）对于偶尔有危险废物产生的产废企业，通常又可分为两种情况：一种情况是本身废物产生量少，属于偶然性产生危险废物，其废物产生量、种类、转运频次都无法预判，对于该类产废企业，要根据废物处置设施自身接收能力和运行状况，合理安排废物转运时间；另一种情况是产废企业本身需要拆除，原有厂址会遗留各种危险废物，需要一次性转运处置，此时废物产生量通常较大，需要对现场情况做充分的调查，明确废物种类、性质、数量等各种信息后，统一协调制订转运、处置方案及处置计划，确保将废物合理合规处置。

（3）产废企业在建设之前，应环境影响评价或安全评价行政审批要求，需要提前与危险废物经营单位签订合同，以确保其将来建成之后产生的危险废物有合理去向。该种情况下，产生废物的种类、数量、频次往往与实际相差较大，因此签订的合同大多属于意向性合同，待有实际废物转运需求时，接受处置单位需要与产废单位根据实际情况签订补充协议。

四、危险废物进厂核准

（一）危险废物进厂前的沟通

危险废物处置合同签订后、废物运输进厂前，业务人员应与接收管理人员确认是否具备进厂接收条件。特别是剧毒类废物进厂前，更应该提前沟通，因为剧毒废物执行“五双”管理，即“双人收发、双人入账、双人双锁、双人运输、双人使用”，而且它的安全、环保风险更大，所以需要提前沟通以确保废物的顺利接收。

（二）危险废物进厂时的核准

危险废物运输进厂时，相关人员应对进厂废物进行核准。核准内容包括实际转运危险废物与危险废物转移联单上的内容是否相符，进行指纹分析进而判断转运危险废物的基本性质，如有特殊要求，实验室应进一步取样检测分析，最终过磅计量，待贮存至指定库房或处置工段。对于剧毒废物的接收，应该逐瓶确认（通常剧毒废物量都比较小，而且是小瓶包装)，核准接收后，应当立即办理入库。

（三）危险废物进厂时的放射性废物排查

一些医院和工厂的废物中可能会含有特定的放射源或污染源，尽管此类废物一般都会被单独处置，但混合废物的收集过程难以控制，可能会导致放射性元素污染其他废物，或放射性废物被夹带进厂，因此，最好在危险废物进厂前的核准环节加强对放射性废物的检测。检查人员可以在废物过磅的同时，手持便携式辐射仪或固定式辐射检测设施对运输车上的废物进行检测。

（四）危险废物进厂时的不明废物处理

现场进行废物接收核准时，有时会遇到不明废物，这种情况较常见于高校、科研院所等单位产生的废试剂，这些废试剂的成分信息丢失、且从外观形态上无法判断其成分。当遇到不明废物时，若废物量不大，可结合检测、实验等方式判断废物成分，然后给出适宜的处置方案；当废物数量较大且判断难度较大时，不能贸然接收，可求助于当地环保部门，详细说明情况。如果接收了不明废物，应单独存放，贮存时必须与反应性较强的危险废物进行物理隔离，然后尽快对不明废物的危险特性做出判定，采取有效的处置方式。

五、确定危险废物处置方案

危险废物综合性处置中心通常有多条不同工艺的危险废物处置或利用生产线，因此技术人员应根据收集的危险废物种类及特性，出具合理的、可操作性强的处置方案以指导生产处置。技术人员可根据现有危险废物库存情况，结合处置线工艺参数、废物的具体危险特性、废物的有害组分、废物的物理形态、上料机构尺寸等，制订能够指导操作员操作的、符合安全环保要求的处置方案。

危险废物处置方案可以分为两种：第一种为签订合同或废物入厂前，处于准入阶段的用于判断是否可以处置该种类废物而初步制订的、简单的意向性处置方案；第二种为废物入厂后进入处置工艺线之前出具的指导处置人员操作的处置方案。表 6-1 为处置方案的参考模板。当该方案是在准入阶段使用时，则可以将要点概况地填写于表中；如果是作为指导处置人员操作的处置方案，则其中的“处理方式”“进料要求”“进料操作”项目应详细准确填写。

表 6-1 危险废物处置方案模板

年/月/顺序号　　　　　　　　　　　　　　　　　　　　日期

适用范围	（适用于哪些产废单位、哪个批号的危险废物）	
处理方法	处理方式	
	进料要求	
	进料操作	
	危险特性	
	急救措施	
	泄漏应急处理	

续表

职责	技术部门	
	处置部门	
	安全部门	
	环保部门	

第三节　经验总结

一、危险废物信息收集

在登记废物信息时，需要注意两个问题。

(1) 废物名称的表述。首先，名称表述应能直接体现废物的主要成分（或主要有害成分），或者废物的产生工艺或环节；其次，表述应具体化，尽量避免用类别名称来代替废物名称，例如，表述为“含油棉丝”不要写作“含油废物”，“异丙醇有机溶剂”不要写作“废液”；再次，应尽量使用中文或完整英文单词，避免使用英文缩写；最后，要使用标准或通用的产品名称，尽量不使用产废企业自己设计的名称，以免造成废物信息的不明确和信息追溯困难。

(2) 主要成分的确定。在危险废物的处置或利用过程中，重点关注的是废物中占比大的有害成分或针对生产线特点更需要关注的成分，而不是废物中含量大的成分，因此应结合处置经营单位的实际情况，确定和填写废物的主要成分。

客户的产废信息表样式可参见表6-2。

表6-2　产废信息表（样表）

1　基础信息

1.1　客户信息

客户名称：	联系人：
地址：	电话：
邮编：	传真：
所属行业：	邮箱：
主营业务：	

1.2　废物描述

废物名称：
废物所属类别编号（按《国家危险废物名录》现行版）：
废物产生车间：
以前是否对废物进行过处理：　是 □　　　否 □
何种处理方式：
产生废物的工艺流程：

续表

1.3 废物数量和贮存

<table>
<tr><td>连续排放 □</td><td>分批排放 □</td><td>无规律排放 □</td></tr>
<tr><td colspan="3">年排放量/（吨/年）：</td></tr>
<tr><td colspan="3">排放日/（天/年）：</td></tr>
<tr><td colspan="3">日平均排放量/（吨/天）：</td></tr>
<tr><td colspan="3">包装方式：</td></tr>
<tr><td colspan="3">包装材料（铁、塑料等材料）：</td></tr>
<tr><td colspan="3">废物最长贮存时间/天：</td></tr>
<tr><td colspan="3">贮存注意事项：</td></tr>
</table>

1.4 废物取样

<table>
<tr><td>取样日期：</td><td>样品编号：</td></tr>
<tr><td>生产线上取样 □</td><td>储存区取样 □</td></tr>
<tr><td>平均取样 □</td><td></td></tr>
</table>

2 废物性质

2.1 废物理化性质

<table>
<tr><td rowspan="2">物质的形态</td><td colspan="3">固体 □</td><td colspan="2">液体 □</td></tr>
<tr><td colspan="3">胶状或污泥 □</td><td colspan="2">其他 □</td></tr>
<tr><td rowspan="3">物质的气味</td><td colspan="5">气味比较淡 □</td></tr>
<tr><td colspan="5">有味但可忍受 □</td></tr>
<tr><td colspan="5">气味强烈、恶心 □</td></tr>
<tr><td>溶液 □</td><td colspan="2">水油混合 □</td><td colspan="3">液固混合 □</td></tr>
<tr><td>储存温度/℃：</td><td colspan="4">废物能被加热或熔解以增加黏度吗？</td><td>是□ 否□</td></tr>
<tr><td>可溶解在</td><td>水 □</td><td>酸 □</td><td colspan="2">碱 □</td><td>有机溶剂 □</td></tr>
<tr><td colspan="6">其他 □</td></tr>
<tr><td colspan="6">pH 值：</td></tr>
<tr><td colspan="6">闪点：</td></tr>
<tr><td colspan="6">卤素种类及含量：</td></tr>
<tr><td colspan="6">重金属种类及含量：</td></tr>
<tr><td colspan="6">毒性：</td></tr>
<tr><td colspan="6">易燃/易爆性：</td></tr>
<tr><td colspan="6">其他检测信息：</td></tr>
</table>

续表

2.2 成分描述

主要成分	预计范围/%		
	最低	平均	最高
1			
2			
3			
4			
5			
备注：请填写混合物成分的具体名称，例如，溶剂（丙酮、甲苯、异丙醇等）			

2.3 废物图片（注：能体现废物本身状态、废物使用包装形态即可）

3 安全信息

3.1 废物特性

有毒	□	可燃	□
氧化性	□	有刺激性	□
有腐蚀性	□	接触有毒	□
吸入有毒	□	吞食有毒	□
其他			

3.2 化学品危险性

		蒸气或其他排放	燃烧	爆炸	危险聚合物	固化
接触类型	加热					
	加压					
勿与所列物质混合	水					
	空气					
	酸					
	碱					
	氧化剂					
	还原剂					
其他						

二、危险废物取样检测

一般来说，对于焚烧、填埋、物化等处置系统，如无特别的检测项目，固态或半固态废物取200～300g、液态废物取500～1000mL就可以满足大部分实验室检测的需要。如有特别的检测项目，技术部门要提出具体的执行要求。通常，废化学试剂无需取样，只需要产废企业提供一份试剂清单，供技术人员参考判断。

针对取样时采用的取样仪器、取样方法、检测项目，将在第七章进行详细介绍。

三、危险废物进厂核准

（一）进厂核准方式

进厂核准时，通常采用目测、pH 试纸检测或氰化物试纸检测、辐射仪检测等快速核准方式来判断实际转移废物与转移联单上列明的废物是否相符，即指纹分析。如有特殊要求，需要在废物卸车前或卸车后立即取样进行实验室检测，检测项目通常由技术人员提出。

（二）准入工作规范化

准入管理工作包括产废信息的采集、废物取样检测、进厂前控制、进厂时核准，整个过程缺一不可，每一环节都为后面的工作开展提供依据和必要的条件。经营单位可根据自身的实际情况对各个环节提出相应的要求，编写准入过程的内部控制文件，并配以相应的记录表格，规范操作。

（三）危险废物监销

危险废物经营单位通常会有监销的情况。监销是指产废企业在签订废物处置合同、其产生的某批次废物获得入厂准入之后，产废企业相关人员随待处理废物一同进厂，对废物处置过程进行全程（或部分）监督并以一定形式（如摄像、拍照）进行记录，以证明废物得到完全并有效处置。出现这种情况时，经营单位也需要对进厂废物进行核准，不能因为有产废企业相关人员在场而省略此核准步骤。

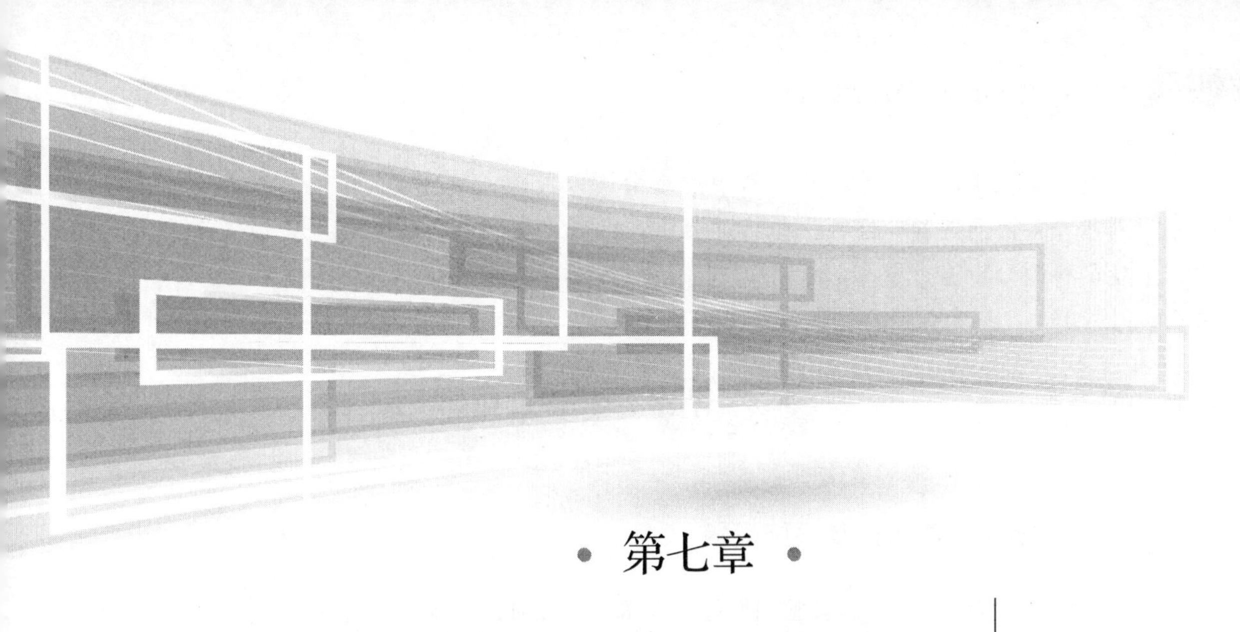

第七章 危险废物分析检测管理

第一节 相关法律法规

相关法律法规包括：

《危险废物集中焚烧处置工程建设技术规范》(HJ/T 176—2005)

《危险废物安全填埋处置工程建设技术要求》(环发〔2004〕75号)

《水泥窑协同处置危险废物许可证审查指南》(试行)

《危险废物集中焚烧处置工程建设技术规范》中规定：焚烧厂应设置实验室，并配备危险废物特性鉴别及污水、烟气和灰渣等常规指标检测和分析的仪器设备；《危险废物安全填埋处置工程建设技术要求》中规定：填埋场必须自设分析实验室，对入场的危险废物进行分析和鉴别。建有分析实验室的综合性危险废物处置厂，其分析能力必须同时满足焚烧、填埋及综合利用的分析项目要求。在这些规定中都明确要求危险废物经营单位应建立具有一定分析能力的实验室。在危险废物经营许可证审查表中“处置设施完备情况”一栏中有一项内容是“*具有废物分析鉴别实验室/实验室”，这一项标“*”，表示废物分析鉴别实验室/实验室是评审指标中重点检查的项目之一。

《水泥窑协同处置危险废物许可证审查指南》(试行)提出：采用分散联合经营或分散独立经营模式的水泥生产企业如果不具备危险废物、预处理产物、水泥生产常规原料和燃料中的重金属以及硫、氯、氟含量的分析能力，可经当地环保部门批准后，委托其他分析检测机构进行定期送样分析，送样分析频次应不少于每周一次；危险废物预处理中心和采用集中经营模式的协同处置单位的实验室应具备危险废物、预处理产物、水泥生产常规原料和燃料中的重金属以及硫、氯、氟含量的分析能力。这些是对水泥窑协同处置单位的一些特殊要求，协同处置项目可以根据经营模式来确定实验室的检测分析能力。

第二节 实验室建设

一、实验室硬件建设及设施配置

实验室的工作职能包括检测职能、技术职能和研发职能。检测职能，包括危险废物进厂检测、生产例行控制检测、排放达标检测、环境监测、应急环境检测等；技术职能，包括生产线所需配方小试、处置方案的编制、工艺改进建议、不合格品处置方案等；研发职能，包括预处理工艺的研发、针对生产需求的研发、针对新业务领域的研发等。各危险废物经营单位对实验室的定位和组织结构设置不同，因此实验室的职能也有不同。

与危险废物管理相关的各项规范和技术要求中，主要强调的是实验室的检测职能。接下来，对实验室的布局，应该配置哪些取样工具、预处理设备、检测仪器，针对人员的职业健康应配备哪些劳动防护用品、通风设施等，逐一进行介绍。

（一）实验室布局

根据《科学实验室建筑设计规范》（JGJ 91—2019），结合 CNAS—CL01《检测和校准实验室能力认可准则》标准中“5.3 设施和环境条件”的要求，“应将不相容活动的相邻区域进行有效隔离”，实验室布局应包括人员办公室、天平间、档案室、化学试剂库、样品间等相对独立的空间，另外用于不同功能的检测实验室应分别设置独立空间。检测区域与办公区域分开；各个检测区域有效隔离，并采取措施防止交叉污染，以确保实验结果真实可靠；对进入和使用影响检测质量的区域加以控制，并根据实验室临时情况，开辟临时的控制范围。

实验室用房一般分为精密仪器实验室、化学分析实验室、辅助室（办公室、化学试剂库、天平室、钢瓶室）。实验室应远离噪声、灰尘、烟雾和震动源，为保持良好的环境条件，最好为南北方向。地面材料要根据各实验室的使用要求选择：无耐酸要求的房间一般可采用水磨石或不起灰的陶瓷板地面；有防潮要求的精密仪器室可考虑采用木地板；在有耐酸、耐碱、耐油等要求时，可根据其介质浓度采用耐酸陶瓷板、塑料地面或过氯乙烯涂料地面。墙面可根据具体设计标准选用相应材料。

1. 精密仪器实验室

精密仪器实验室要求具有防火、防震、防电磁干扰、防噪声、防潮、防腐蚀、防尘、防有害气体侵入的功能，室温尽可能保持恒定。为保持仪器具有良好的使用性能，温度应控制在 15～30℃，有条件的最好控制在 18～25℃。需要恒温的仪器室可安装双层门窗及空调，湿度控制在 60%～70%。通常，气相色谱仪、液相色谱仪、电感耦合等离子体发射光谱仪、原子吸收光谱仪、原子荧光光谱仪等仪器设备属于精密仪器。根据实际需要，使用这些精密仪器时，需要另外设置配套的样品处理室，处理室包括洗涤台、实验台、通风柜等设备，不宜设水盆。

2. 化学分析实验室

在化学分析实验室中主要进行样品的化学处理和分析测定。工作中常使用一些小型的电器设备及各种化学试剂，如操作不慎则具有一定的危险性，因此在布局时应注意：

（1）实验室应使用耐火或用不易燃的材料建造，隔断和顶棚材料也要考虑防火性能，可采用水磨石地面。窗户要防尘，室内采光要好，门应向外开，空间较大的实验室应设两个出口，以利于发生意外时人员撤离。

（2）供水要保证必需的水压、水质和水量以满足仪器设备正常运行的需要，室内总阀门应设在易操作的显著位置，下水道应采用耐酸碱腐蚀的材料，地面应有地漏。

（3）由于化验工作中常常会产生有毒或易燃的气体，因此，实验室要安装通风设施，具备良好的通风条件。

3. 化学试剂库

化学试剂库内贮存很多化学试剂，大多属于易燃易爆、有毒或腐蚀性的物品，因此应该按需贮存，不宜过多。房间应有防明火、防潮湿、防高温、防日光直射、防雷电的功能，房间应朝北、干燥、通风良好，顶棚应遮阳隔热，门窗应坚固，窗应为高窗，门窗应设遮阳板，门应朝外开。易燃液体储藏室室温一般低于28℃，爆炸品低于30℃。特殊危险品可用铁板柜或水泥柜分类隔离贮存。室内采用防爆型照明灯具，备有消防器材。

4. 天平室

天平室宜布置在北向，外窗宜做双层密闭窗并设窗帘。天平台台面和台座应进行隔振处理。天平台沿墙布置时，应与墙脱开，台面宜采用平整、光洁、有足够刚度的台板，不得采用木制工作台。设在楼层上的天平台基座，应设在靠墙及梁柱等刚度大的区域。高精度天平室除应满足上述天平室的要求外，应布置在实验楼底层北向，天平台应设独立基座（不宜设在地下室楼板上面）。

（二）预处理仪器

大多数的样品被采集到实验室后，均需要经过预处理后才能进入检测仪器中进行分析，下面简要介绍一下危险废物经营单位实验室常用的预处理仪器，实验室常用的一些天平、玻璃仪器的配置情况。

1. 微波消解仪

《水质 金属总量的消解 微波消解法》（HJ 678—2013）、《固体废物汞、砷、硒、锑、铋的测定 微波消解/原子荧光法》（HJ 702—2014）等一系列的标准均要求使用微波消解的方法来制样。微波消解技术是利用微波的穿透性和激活反应能力加热密闭容器内的试剂和样品，可使制样容器内压力增加、反应温度提高，从而大大提高了反应速率，缩短样品制备的时间。微波消解仪是目前较为常见的测量重金属含量的预处理设备。因为无论是电感耦合等离子体发射光谱仪（ICP），还是原子吸收光谱仪（又称原子分光光度计）或原子荧光光谱仪都要求进样为无机液态，而微波消解仪能够很好满足这些仪器的进样要求。

还需要配合使用的有消解罐和酸，使用的酸通常包括硫酸、硝酸等，因此在操作过程中应严格按照安全操作规程，佩戴劳动防护用品，确保处理过程的安全。

2. 翻转式振荡器

《固体废物浸出毒性浸出方法 硫酸硝酸法》（HJ/T 299—2007）中明确要求，制备浸出液的仪器设备之一是转速为（30±2）r/min 的翻转式振荡装置，在《固体废物 浸出毒性浸出方法 翻转法》（GB 5086.1—1997）、《固体废物浸出毒性方法——醋酸缓冲渗液法》（HJ/T 300—2007）中也有类似的要求。

含有有害物质的固体废弃物在堆放或处置过程中遇水浸沥，其中的有害物质迁移转化污染环境，而浸出实验是对这一自然过程的野外或实验室模拟，因此，设置危险废物安全填埋场的经营单位及进行危险废物浸出毒性鉴别时，应开展浸出实验，浸出实验应使用翻转振荡设备，而不是水平振荡设备。

水泥窑协同处置危险废物时的浸出实验要求则不同，根据《水泥窑协同处置固体废物环境保护技术规范》第 8 节“水泥熟料中可浸出重金属含量限值”中对重金属浸出实验的浸出液的制备要求，可根据《水泥胶砂中可浸出重金属的测定方法》（GB/T 30810—2014）第 7 节“浸出液的制备”执行，此种情况不需要采用翻转式振荡器。

3. 自动萃取器

按照《水质 石油类和动植物油类的测定 红外分光光度法》（HJ 637-2018）来测定油类时，需要对水样进行萃取。自动萃取器与红外分光测油仪或红外分光光度计共同使用来检测地表水、地下水、生活污水、工业废水中的油类。自动萃取器属于前处理设备，它使用四氯乙烯作为萃取剂完成萃取，然后再使用红外测油仪等进行检测。

4. 辐射监测仪

辐射监测仪有多种分类方法：按照监测的辐射类型，可分为测量 α、β、γ、X 射线和中子等的监测仪；按照使用方式，可分为固定式和可携式监测仪；按照监测对象，可分为表面污染监测仪、环境（外照）场所（辐射场）监测仪、个人监测仪、空气污染监测仪和流出物监测仪等。危险废物经营单位一般是根据监测对象来分类，通常采用便携式的表面污染监测仪监测各类表面放射性物质沾污水平。

需要说明的是，虽然放射性物质不在《国家危险废物名录》（2021 年）的范围内，也不适用于危险废物鉴别标准涉及的检测，不属于危险废物，但是由于放射性物质对人的身体健康具有一定危害性，废物进厂时应对其放射性进行检测。如具有放射性，则应按《放射性废物管理规定》（GB 14500）进行收集和处置。

5. 真空冷冻干燥机

在一般的危险废物经营单位中，真空冷冻干燥机并不常用。如果需要处理含有机成分的污染土壤或进行一些研发实验，样品在进入色谱仪检测前，可以使用该设备对样品进行干燥去水。

6. 氮气吹干仪

氮气吹干仪又称为氮气浓缩装置、氮气吹扫仪、氮吹浓缩仪、样品浓缩仪等，通常是将氮气吹入加热样品的表面进行样品浓缩，为气相色谱、液相色谱等分析手段中样品的制备和处理提供省时高效的平台，是固相萃取技术的最佳配套设备。氮气吹干仪与真空冷冻干燥机一样，不是危险废物经营单位常规使用的预处理设施。

7. 电子天平

电子天平是实验室必备的计量设备，每年应该进行定期的检定和常规的校准。它的精度有相对精度分度值与绝对精度分度值之分，而绝对精度分度值达到 0.1mg（即 0.0001g）的即为万分之一天平。在危险废物经营单位的实验室中，针对一般性的生产性检测，使用万分之一天平即可满足要求。选择电子天平除了考虑精度，还应考虑最大称量是否满足量程的需要。通常取最大载荷加少许保险系数，也就是常用载荷再放宽一些，并不是越大越好。危险废物经营单位实验室内使用的电子天平的量程通常选择 0～200g 即可。

8. 生化培养箱

生化培养箱是培养微生物的主要设备，是细菌、霉菌等微生物的培养及保存、植物栽培、育种试验的专用恒温设备。危险废物经营单位大多设置内部的小型污水处理设施，水样的五日生化需氧量（BOD_5）是必须检测的项目之一，因此该培养箱是必备的。

9. 冰箱

冰箱根据控温范围划分为普通冰箱（0～10℃）、低温冰箱（－10～180℃）、超低温冰箱（－60～200℃）。危险废物经营单位实验室通常配备的为普通冰箱，用于存放有低温存储需求的废物样品和化学试剂等；个别具有研发功能的实验室可以根据需求配置低温冰箱，用于存储菌种、标准样品、化学试剂等。

10. 玻璃仪器及其他

玻璃仪器是化学实验室不可或缺的常用设备，按用途大体可分为容器类、量器类和其他仪器类。容器类包括试剂瓶、烧杯、烧瓶等；量器类有量筒、移液管、滴定管、容量瓶等，量器类一律不能受热；其他仪器包括具有特殊用途的玻璃仪器，如冷凝管、分液漏斗、干燥器、砂芯漏斗、标准磨口玻璃仪器等。

除了上述各种仪器设备外，还可能会使用到的设备包括：电热恒温鼓风干燥箱、磁力搅拌器、微控电热板、温（湿）度计、真空泵等，企业可以根据生产工艺需要选择配置。

（三）常用仪器设备

危险废物经营单位的收集、处置、利用的废物类别不同，对废物的检测要求也不尽相同，表 7-1 中汇总了实验室常用的仪器设备及用途。

如果危险废物经营单位建有废矿物油利用设施，还可以配置原油含水快速测定仪、石油产品密度试验机、全自动开口闪点测定仪、石油产品运动黏度测定器、石油产品水分试验机；如果建有铅酸电池利用设施，配置重金属检测仪器即可；如果建有有机溶剂提纯设施，还可以配置馏程试验器等。

表 7-1 常用仪器设备清单

序号	名称	用途	备注
1	天平	称重	
2	量热仪	测定废物热值	
3	马弗炉	测定残渣热灼减率	
4	电热恒温鼓风干燥箱	样品烘干、水分检测	
5	电感耦合等离子体发射光谱仪	测定重金属	视预算情况，适当选择其中之一
6	原子吸收分光光度计		
7	原子荧光光谱仪		
8	X 荧光光谱仪		
9	BOD_5 测定仪	BOD_5 检测仪器	
10	生化培养箱	BOD_5 生化培养	
11	立式压力蒸汽灭菌器	BOD_5 灭菌	
12	全自动翻转振荡器	重金属浸出实验设备（非水泥窑协同处置）	
13	智能数显电热恒温水浴锅	样品预处理	
14	循环水式多用真空泵	样品预处理	
15	微波消解器	样品预处理	
16	化学需氧量测定仪	化学需氧量检测	
17	pH 计	pH 检测	
18	电导率仪	电导率检测	
19	浊度计	浊度检测	
20	溶解氧分析仪	溶解氧检测	
21	微控电热板	液态样品加热装置	
22	离子计	氯离子、氟离子检测	
23	便携式溶氧分析仪	水中溶解氧检测	
24	紫外可见分光光度计	六价铬、总磷、CN^- 检测	
25	红外分光测油仪	水中总油或动植物油检测	
26	普通冰箱或低温冰箱	样品、试剂储存	常规存放普通冰箱即可，如有特别的试剂储存则需低温冰箱
27	表面污染监测仪	放射性检测	废物进厂时检测，库房巡检时检测
28	水泥胶砂搅拌机	固化实验装置	
29	超声波清洗器	容器清洗装置	

（四）劳动防护用品

劳动防护用品是指实验室人员在取样、制样、检测过程中必须佩戴的，使其在劳动过程中免遭或者减轻事故伤害及职业危害的个人防护装备。常用的劳动防护用品见表 7-2。

表 7-2 劳动防护用品清单

序号	名称	用途	样式
1	半面罩	取样、检测时佩戴	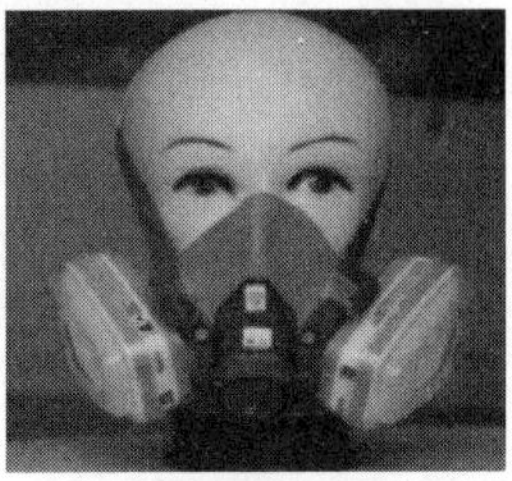
2	全面罩	适用于较危险的或气味较重的取样、检测工作	
3	护目镜	液态样品取样、检测时佩戴	
4	安全帽	取样时佩戴	
5	一次性手套	实验中佩戴	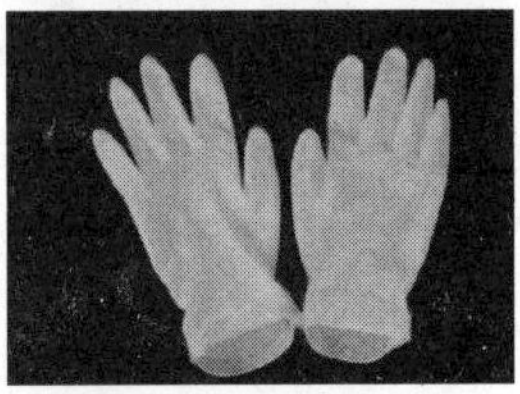
6	劳保鞋	取样、检测时穿戴	
7	耐酸碱手套	取样、检测时佩戴	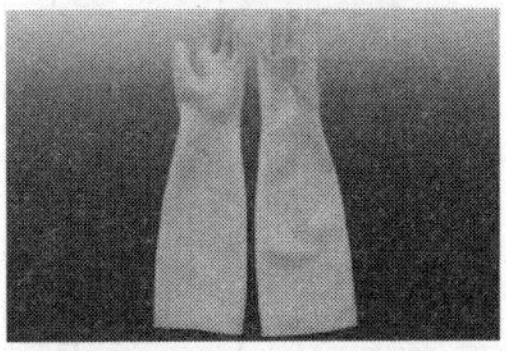
8	浸胶手套	取样时佩戴	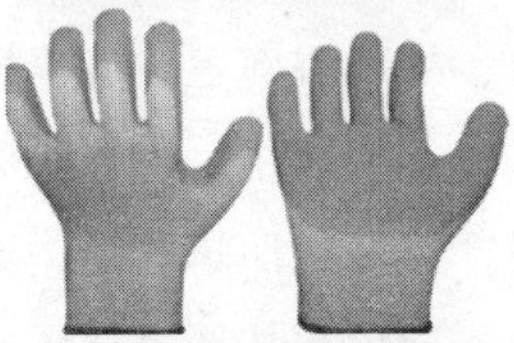

续表

序号	名称	用途	样式
9	耐酸碱防护服	适用于有强酸碱腐蚀的工作场所	
10	工作服	常规检测时穿着	略

（五）通风设施

通风设施是实验室建设的重要组成部分，特别是危险废物经营单位的实验室，所接触的物料、化学试剂等多有较大挥发性、毒性、腐蚀性等，从职业健康角度来说，通风设施的好坏对操作人员的身体健康有极大的影响，同时还对实验室的硬件设施产生影响。因此，合理、有效的通风系统建设对实验室工作的开展具有重大的意义。

1. 通风设施的相关设计标准

设计时可以参考《科研建筑设计标准》（JGJ 91—2019）中对通风设施的要求。需要强调几点：

（1）工作时间需要大量连续使用机械排风的实验室，宜在满足人员防护要求的前提下采用局部排风，必要时可采用全面排风。

（2）大量使用强腐蚀剂的实验室应设单独排风系统。

（3）使用对人体有害的生物、化学试剂和腐蚀性物质的实验室，其排风系统不应利用建筑物的结构风道作为实验室排风系统的风道。

（4）当排风系统排出的有害物浓度超过国家现行相关标准规定的允许排放标准时，应采取净化措施。

（5）非工作时间内产生有害、刺激性气体的实验室应设置值班通风。

2. 通风设施的种类

实验室常用的通风设施一般包括三种。

（1）全室通风，包括自然通风和机械通风。危险废物处置实验室里必须使用机械通风。当有毒有害气体扩散到实验室空间时，必须及时排出，同时还要补充一定的新鲜空气，有毒有害气体抽出时应经过尾气处理设施再排放到室外。

（2）局部排气罩。一般安装在大型仪器产生或排出有害气体部位的上方，设置局部排气罩以减少室内空气的污染。局部排气罩的种类很多，包括密闭罩、外部罩、接受罩、吸收罩、气幕隔离罩、补风罩等六大类，针对不同的对象选择不同形式的排气罩。

（3）通风柜。通风柜是实验室常用的一种局部排风系统，内有加热源、水源、照明等装置。可采用防火防爆的金属材料制作通风柜，内涂防腐材料，通风管道要能耐酸碱气体腐蚀。通风柜按照排风方式，分为上部排风式、下部排风式和上下同时排风式；按照进风方式，分为全排风式、补风式、变风量式；按照使用状态，分为整体式、下部开放式、落地式、两面式、三面玻璃式、桌上式和连体式。

通常，上述三种通风形式在危险废物处置实验室里都会采用到：首先采用全室通风保证实验室的总体环境良好；排气罩通常设置在大型精密仪器上方，有针对性配置；个别实验中，当使用挥发性强或气味较重的化学试剂开展分析、检测实验时，应在通风柜中完成。

3. 风机的种类

正确选择风机，是保证通风系统正常、经济运行的一个重要条件。所谓正确选择，主要是指根据被输送气体的性质和用途选择不同用途的风机；选择的风机要满足系统所需要的风量，同时风机的风压要能克服系统的阻力，而且在效率最高或经济适用范围内工作。

实验室常用风机一般包括离心风机和轴流风机，其中，轴流风机风量高，但风压较低，离心风机风压相对较高。对于较大型的系统，由于管路较长，所需风压较大，一般选择离心风机。为了减少噪声，一般在离心风机外加风机箱。例如：用于输送含有爆炸、腐蚀性气体的空气时，需选用防爆、防腐性风机；用于输送含尘浓度高的空气时，用耐磨通风机；对于输送一般性气体的公共民用建筑，可选用离心风机；对于车间内防暑散热的通风系统，可选用轴流风机。

除非单台风机不能满足要求，或在使用时风压和风量有大幅度变动，否则应尽量避免两台或数台风机并联或串联使用，因两台或数台风机联合工作时，每台风机的使用效率都要低于单独使用时。

危险废物经营单位的实验室常需要进行腐蚀气体和有毒气体的通风排放，因此选择风机时应考虑风机的材质。塑料风机和玻璃钢风机是现代实验室常用的风机机型。玻璃钢风机具有耐腐蚀、耐高温、防日晒雨淋等特点。

二、实验室人员配置

实验室建设最核心的部分是人员配置。在危险废物经营单位中，实验室无论隶属于哪个部门或独立成为一个部门，都应该有清晰的组织结构，以确保人员责任明确、工作有序，进而保障检测数据的准确性。

（一）岗位设置

按照相关法律法规对危险废物经营单位实验室的要求，通常实验室应具备基本的对危险废物检测的职能，结合中国合格评定国家认可委员会（英文简称：CNAS）实验室认可的管理理念，通常应该设置如下岗位。

（1）实验室主任。实验室或者是检测职能方面的最高管理者，全面负责实验室的日常检测及管理工作；负责宣传、贯彻国家有关质量、计量、标准化方面的方针、政策、法规，确保实验室满足客户需求（对于第一方实验室来说，实验室的客户即为企业内相关部门）和法律法规要求；确定实验室内部组织结构、岗位职责分工、权力委派，任命和授权关键人员；负责检测工作所需的资源配备，保持和发展检测能力等。

（2）检测员。熟悉检测标准和方法，严格按标准、作业指导书等文件开展检测活动；负责检测过程中样品的完整性和安全性；熟悉所用仪器设备性能和校准状态，熟练操作仪器，记录使用情况；负责设备运行和记录；及时、认真记录检测原始数据，如实填写所有信息；根据原始记录和计算结果编制检测报告，对出具的检测数据和结论负责；负责本专业消耗品的符合性检查并保存记录；按计划完成质量控制活动；熟悉、了解测量不确定度的评定。

（3）化学试剂管理员。负责化学试剂的日常管理工作；负责化学试剂的申请、验收工作；负责建立化学试剂的台账，并按照要求定期盘查。

（4）试剂配制员。负责配制实验室所需的所有药品；负责记录药品配置的过程。

（5）资料员。负责文件日常管理和档案管理；建立文件受控清单和发放清单，维护文件的现行有效性和保密性；监督在用文件的有效性，有权制止使用非受控、过期的作废文件；建立人员技术档案、设备档案，编制报告并发放报告。

（6）设备管理员。熟悉设备管理、量值溯源过程；负责仪器设备日常管理工作；负责仪器设备量值溯源工作；负责设备、消耗材料的购置、验收工作；负责建立仪器设备的台账，并按照要求定期盘查；编制、实施期间核查计划、量值溯源计划；有权阻止不合格的仪器设备投入使用。

（7）物资管理员。负责低值易耗品的日常管理工作；负责低值易耗品的申请、验收工作；负责建立低值易耗品的台账，并按照要求定期盘查（低值易耗品包括玻璃仪器、一次性手套、试验用纸等）。

（8）样品管理员。负责检测样品的接收、检查，并按样品管理流程进行标识，确保样品在检测过程不被混淆；负责样品建账入库、出库、发放、储存，返还和销毁工作，确保样品的完整性和安全性；对需要在特殊环境条件下保存的样品进行监控并记录，确保其不被损坏；非常规项目应及时报告技术负责人（如无技术负责人，则报告实验室主任或主管实验室技术的人员）。

（9）安全员。负责检查实验室人员在实验中佩戴劳动保护用品情况、实验室基础安全设施情况；负责劳动保护用品的日常管理工作；负责劳动保护用品的申请、验收工作；负责建立劳动保护用品的台账，并按照要求定期盘查；负责实验室应急预案演练的组织和总结。

（10）采样员。负责采集样品。

上述岗位设置可以较为全面地满足实验室管理和检测的基本工作要求，危险废物经营单位实验室可以根据上述内容，规范各岗位的工作职责。如果经营单位规模较小，实验室人员配置较少，可以设置一人多职。例如：采样员/检测员/化学试剂管理员/试剂配制员可由一人担任；资料员/设备管理员/物资管理员可由一人担任；样品管理员/安全员可由一人担任；或者根据人员专业水平和擅长领域，适当分配工作任务。

实验室需要多少人才能满足检测任务需求，不同的经营单位认识会有所不同。笔者认为，如果经营单位只有一条回转窑焚烧系统工艺线，3～4 人即可满足进厂废物和处置线上例行控制的取样和检测；如果是综合性的处置中心，不仅有回转窑焚烧系统，还可能会有水处理设施、填埋场、资源综合利用设施等，那么实验室可以根据不同处置线的特点，在 6～7 人的基础上，结合工作量再进行适当的人员扩充。如果某些生产线连续进行生产作业，需要有人员倒班进行取样检测时，再根据班制设置，增加倒班人员数量。在经营单位建设初期，实验室人员数量可以设置保守一些，随着处置设施的运转再逐渐增加人员数量。

（二）任职要求

实验室相关人员的具体任职要求，由危险废物经营单位人力资源部门自行确定，应根据公司的规模、对实验室的功能定位和所处地市的实际情况选配人员。下面是结合CNAS—CL01—A002《检测和校准实验室能力认可准则在化学检测领域的应用说明》的要求，列出各岗位基本任职要求，供参考。

（1）实验室主任。实验室主任在整个实验室的组织结构中只具有管理层的角色时，应具有一定管理能力、组织能力和协调能力；如果实验室主任还兼有技术负责人的技术管理职能，还需要具有下列相应的任职要求：化学检测相关专业，本科及以上学历；工作经验5年及以上；对化学实验室管理有一定经验；熟悉本实验室的检测标准和方法；了解、熟悉检测记录、报告的管理、核查程序；了解、熟悉有关设备的性能、校准状态；了解检测的要求和目的等。

（2）检测员。化学检测相关专业，应至少具有化学或相关专业专科以上的学历，或者具有至少5年的化学检测工作经历并能就所从事的检测工作阐明原理；熟悉检测标准、了解方法和规范；了解仪器设备原理，熟练掌握操作方法；接受有关化学安全和防护、救护知识的培训；通过不确定度培训，懂得本职工作不确定度的评定；熟悉实验室的检测工作。

（3）化学试剂管理员。化学检测相关专业，中专及以上学历；从事相关工作半年及以上；熟悉实验室使用的各种化学试剂的理化特性，各种化学试剂之间的相容性。

（4）试剂配制员。化学检测相关专业，中专及以上学历；从事相关工作半年及以上；熟悉实验室检测项目需要试剂的配置、标定方法。

（5）资料员。从事相关工作半年及以上，本科及以上学历；熟悉资料整理流程。

（6）设备管理员。了解我国量传体系、溯源政策；化学检测相关专业，专科及以上学历；从事相关工作1年以上；熟悉实验室设备的原理、使用和维护。

（7）物资管理员。化学检测相关专业，中专及以上学历；从事相关工作1年以上；熟悉实验室物资种类及名称。

（8）样品管理员。化学检测相关专业，中专及以上学历；从事相关工作半年以上；熟悉实验室样品管理相关程序。

（9）安全员。大专学历以上；从事相关工作1年以上；熟悉实验室危险源与防护知识。

（10）采样员。化学检测相关专业，中专及以上学历；从事相关工作1年及以上；熟悉采样、抽样过程，有独立取样能力。

三、实验室取样管理

（一）取样工具

危险废物的形态包括固态、液态、半固态，因此取样工具也有所不同。下面将各种取样工具分类汇总于表7-3。

表 7-3 取样工具清单

废物状态	工具名称	适用范围	样式
固态	剪刀	质轻、大块装的废物	略
	壁纸刀	块状、质软的废物	略
	勺式采样器	传送带或管道输送的废物流	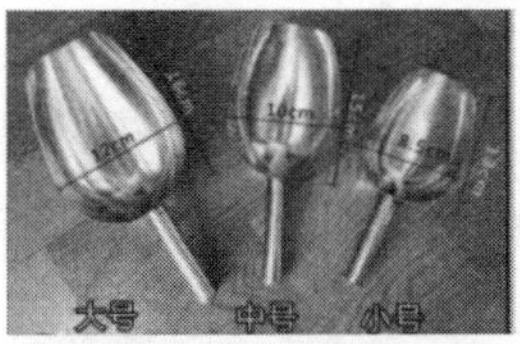
	钢锹或铁铲	散装堆积的块状、粒状废物	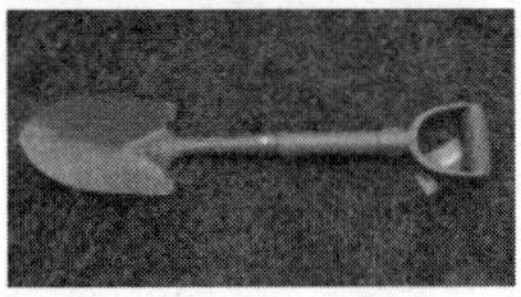
	套筒式采样器	盛装在桶、箱、袋、槽、罐、车内的粉状废物	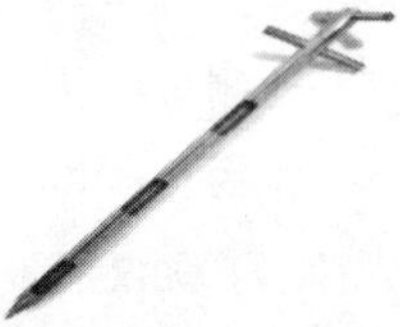
	土壤采样器	散装堆积的块状、粒状废物	
	自封袋	盛装固态废物	
液态	采样管	盛装在较小的容器中的液态废物的全层采样	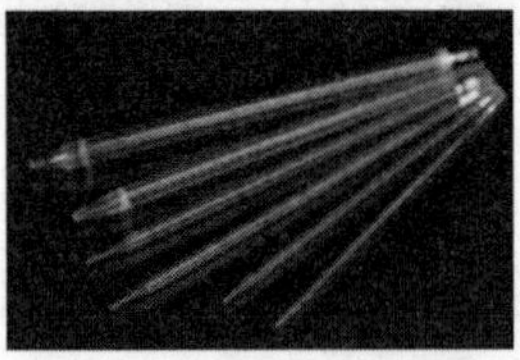
	采样勺	盛装在槽、罐中的液态废物	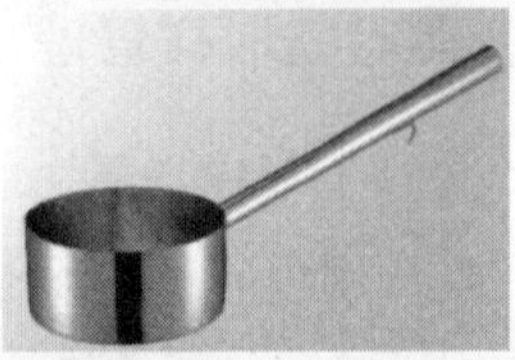

续表

废物状态	工具名称	适用范围	样式
液态	重瓶采样器	盛装在较大储罐或者储槽中的液态废物的分层采样	
	取样瓶	盛装液态废物	

（二）半固态半液态废物采样方法

半固态半液态废物，应视废物的状态采样，按照固态废物采样或液态废物采样的规定进行，详见《工业固体废物采样制样技术规范》。

对在常温下为固体、受热时易变成流动的液体而不改变其化学性质的废物，最好在产生现场或加热全部熔化后按液态废物采样的规定采取液态样品；也可在常温下拆开包装按固态废物采样的规定采集固态样品。

对黏稠的液态废物，有流动性而又不易流动的，最好在废物产生现场用系统采样方法采样；如必须从最终容器中进行采样时，要选择合适的采样器按液态废物件装采样法采集样品。

（三）固态废物采样方法

当一批废物由多辆车或较多桶、箱、袋等容器盛装时，先按两段采样法确定份样数，然后按简单随机采样法确定具体的采样方法，最后确定采样点。具体内容可详见《工业固体废物采样制样技术规范》。

对于容器内的固态废物，可按上部（表面下相当于总体积的1/6深处）、中部（表面下相当于总体积的1/2深处）、下部（表面下相当于总体积的5/6深处）确定采样点。

对于堆存固态废物，可按对角线型、梅花型、棋盘型、蛇型等点分布来确定采样点。

选择合适的采样工具，按其操作要求采取份样后，组成小样或大样，参见《工业固体废物采样制样技术规范》。

（四）液态废物采样方法

对于多相液体不易混匀时，根据液态废物的分层情况，标注分层情况，然后在每层中随机采取份样。可按液态废物的份样量要求确定样品重量或体积，选择合适的采样工具后，再根据所选择的采样方法确定采样点（不同深度）。

选择合适的采样工具，按其操作要求采取份样后，组成小样或大样，参见《工业固体废物采样制样技术规范》。

具体采样份样个数参考表 7-4。

表 7-4 批量大小与最少份样数

单位：t（固体），m^3（液体）

批量大小	最小份样个数	批量大小	最小份样个数
<1	5	≥100	30
≥1	10	≥500	40
≥5	15	≥1000	50
≥30	20	≥5000	60
≥50	25	≥10000	80

第三节 危险废物经营单位内部检测

危险废物经营单位内部检测不只限于入厂时的常规检测（包括详细分析、指纹分析等），还应穿插在整个处置或利用过程中（包括详细分析、例控检测等）；不只限于对待处置物料的检测（详细分析），还应涵盖处置或利用过程中的样品检测（例控检测）；不只限于针对各处置或利用生产线的检测（包括指纹分析、详细分析、例控检测等），还应包括厂区的环境监测；不只限于常规项目的检测，还应包括应急检测和为满足研发需要而进行的检测。下面对不同检验内容进行逐一介绍。

一、详细分析

（一）定义

详细分析，即危险废物经营单位与产废单位签订处置合同之前，经营单位应在对危险废物的危险特性、产生工艺充分了解的基础上，对废物主要危险成分、含量等进行分析，以确定该危险废物是否适合在经营单位内进行处置或利用。实验室分析的数据既是处置方案制订的依据，同时也是调整服务费用的依据。

在开展详细分析之前，业务人员应尽量全面了解客户的产废情况，包括产废企业的危险废物种类、年产生数量、产生工艺过程、安全环保注意事项、转运频率、包装容器等信息，这些信息有助于降低转运和存储风险，便于检测方案的制订，实现有效配伍，利于处置或利用方案的编制。

（二）检测项目

对于采用焚烧方式处置的废物，通常应检测废物的热值，氯、硫、磷、重金属含量，pH 值，黏度，含水率，灰分等。其中对于水泥窑协同处置企业，采用的经营方式不同，对具体的检测项目要求也不同，可根据《水泥窑协同处置危险废物经营许可证审查指南》（试行）“9.分析化验与质量控制”来执行。对于水处理处置的废物，通常应检测废物的pH值、COD、重金属含量、氟离子、氰化物、油类等。对于安全填埋的废物，通常应检测废物的pH值、含水率、重金属含量等，具体项目参考《危险废物填埋污染控制标准》。对于资源化的废物，应针对生产工艺的要求进行检测。

确定“详细分析”检测项目时，均应结合实际的处置或利用工艺，根据入口限定要求和出口排放标准要求，合理确定检测项目及其限值。上述各处置方式中，当有明确标准提出应检测哪些项目时，以国家或行业相关标准为准，如无相关标准，则可以参考上述检测项目。

对于新客户，必须在废物进厂前对客户的废物进行全面的详细分析。对于老客户，可以根据经营单位的实际情况，周期性地在废物进厂后进行详细分析，以确保信息及时更新；对于老客户的新种类废物、或由于工艺调整产生的废物，都应在废物进厂前进行全面的详细分析。

二、指纹分析

（一）定义

指纹分析，即快速分析方法，是指在危险废物进厂时，应该对其个别特性进行复核式检测，检测方法应简单，出具结果应快速，达到及时响应的目的。通常使用各种试纸、便携式检测仪器，有些甚至采用经验式的“土办法”，以实现快速检测的目的。但是快速检测方法因其快速的特性，只作为进厂时对废物部分特性的校核，如有需要，还应在废物进厂后开展进一步的分析检测。

（二）检测项目

指纹分析通常对废物的pH值、可燃性、放射性、含水率、氰化物、氧化性等进行检测，由于个别企业的具体要求不同，相应的分析项目也会有所不同。测废物的pH值可以使用pH试纸，可以参考《废物pH标准筛选方法》（ASTM D4980—89）；测试可燃性可以使用打火机、观察镜、不燃性容器、烧杯等，可以参考《废物可燃性筛选分析标准测试法》（ASTM D4982—89）；测试放射性可以使用表面污染监测仪；测试含水率可以使用快速水分测定仪；测试氰化物可以使用氰化物试纸和pH试纸，可以参考《废氰化物标准测试方法》（ASTM D5049）；测试氧化性可以使用碘化钾淀粉试纸等，可以参考《废物氧化剂标准测试方法》（ASTM D4981—89）。

三、例控检测

（一）定义

例控检测，是指为了确保处置或利用过程符合安全、环保要求，进而达到无害化的目的。在处置或利用前，针对各生产线入口限制指标取样检测；在处置或利用过程中，对个别过程样品的个别指标进行检测；在处置或利用之后，对排放的废液、废渣、废气或资源化后产生的产品进行检测。通过处置或利用过程前、中、后的各项检测，保证整个过程的各项排放均符合国家的安全环保要求、产品符合质量要求。各种生产过程辅料的入厂验证，也作为一项例控检测内容，例如石灰、液碱、工业盐的纯度检测等。定期对例控检测的数据进行汇总分析，可以判断处置或利用设施的运行情况，发现潜在的不合格风险。从质量管理角度来说，例控检测也是一项必要的工作。

（二）检测项目

下述例控检测项目中，一些检测项目是个别标准中明确要求必须进行的，还有一些检测项目仅作参考。

1. 回转窑焚烧系统处置废物的检测项目

对于回转窑焚烧系统处置的废物，通常应根据《危险废物焚烧污染控制标准》（GB 18484—2020）对焚烧残渣的热灼减率进行检测。对于余热锅炉的锅炉水，应根据《工业锅炉水质》（GB/T 1576—2018）确定各项检测指标，检测频率可以参考《锅炉水（介）质处理监督管理规则》（TSG G5001—2010）执行。排放的尾气一般采用在线监测方式进行监控，这里不属于例控检测范围。

2. 水泥窑协同处置废物的检测项目

对于水泥窑协同处置的废物，通常应根据《水泥窑协同处置固体废物污染控制标准》（GB 30485—2013）、《水泥工业大气污染物排放标准》（GB 4915—2013）、《水泥窑协同处置固体废物环境保护技术规范》（HJ 662—2013）和《水泥窑协同处置固体废物环境保护技术规范》（GB 30760—2014）的要求对水泥熟料中的重金属含量等进行检测，排放的尾气一般采用在线监测方式进行监控，这里不属于例控检测范围。

3. 水处理工艺处置废物的检测项目

对于水处理工艺处置的废物，通常应对废物的 pH 值、COD、SS、重金属含量等进行检测，个别还会包括氟离子、氰根离子等检测，具体检测项目依据水处理工艺、末端排放途径来确定。

4. 安全填埋废物的检测项目

对于进入安全填埋场的废物，通常应根据《危险废物填埋污染控制标准》（GB 18598—2019）确定废物入场前的各项指标。当废物进入填埋场被填埋后，会很长时间存埋在这里（如后期有成熟的资源化技术出现，才会将场内的废物取出再资源化利用），存放过程中主要涉及环境监测问题，在后面会提到。

四、环境监测

环境监测是通过对人类环境有影响的各种物质的含量、排放量的检测，跟踪环境质量的变化，确定环境质量水平，为环境管理、污染治理等工作提供基础和保障。

危险废物经营单位从建设阶段就开始进行环境监测，即本底环境监测。项目运营中，要根据危险废物经营许可证的要求，定期开展固定点位及固定监测项目的常规环境监测，同时还要接受来自环境保护主管部门的监督性环境监测；同时，按照环保法的要求，危险废物经营单位应当实施信息公开，如实向社会公开排放的主要污染物的名称、排放方式、排放浓度和总量、超标排放情况，以及污染防治设施的建设和运行情况，接受社会监督。

危险废物经营单位正式运营后，应对常规环境监测数据进行详细汇总，按照时间顺序进行详细数据分析，总结和关注上下游地下水中物质的浓度变化、上下风向土壤中污染物浓度变化等。

（一）常规监测

根据危险废物经营许可证上对监测项目和监测频率的要求，实验室应开展常规环境监测，周期性地将环境监测情况向直属环境保护机构上报。无论是哪一种处置或利用设施，设备运行后都应开展噪声、土壤、地下水、有组织废气、厂区无组织废气的监测，通常的处置或利用设施还会配套建设污水处理设施，因此还需要开展对中水水质的监测。回转窑焚烧系统还要监测排放的烟气和焚烧残渣；水泥窑协同处置还需要对排放的烟气进行监测，水泥窑监测内容可参考《排污单位自行监测技术指南 水泥工业》（HJ 848—2017）；建有填埋场的，还需要对填埋场渗滤液进行监测；如果是其他资源利用设施，一般会根据处置工艺来监测产生的废水、废气、废渣等相关数据。

一些监测领域的点位和监测项目，不是经营单位自行确定的，而是依据批复后的环评报告中规定的项目位置、本身的环境影响最终确定下来，因此以下内容仅作参考。

1. 土壤

根据《土壤环境监测技术规范》（HJ/T 166—2004），确定土壤监测项目和监测频率。《土壤环境质量 建设用地土壤污染风险管控标准（试行）》（GB 36600—2018）和《土壤环境质量 农用地土壤污染风险管控标准（试行）》（GB 15618—2018）发布后，土壤监测项目与监测频次发生了变化。

监测项目分为常规项目、特定项目和选测项目。常规项目可参考《土壤环境质量 建设用地土壤污染风险管控标准（试行）》中所要求控制的污染物中的“基本项目”；特定项目是根据当地环境污染状况，确认在土壤中积累较多、对环境危害较大、影响范围广、毒性较强的污染物，或者污染后会对土壤环境造成不良影响的物质，具体项目由各地自行确定；选测项目则一般包括新纳入的在土壤中积累较少的污染物、由于环境污染导致土壤性状发生改变的土壤性状指标以及生态环境指标等，由各地自行选择确定，可参考《土壤环境质量 建设用地土壤污染风险管控标准（试行）》中所要求控制的污染物中的“其他项目”。

土壤监测项目与监测频次见表 7-5，监测频次原则上按表 7-5 执行，常规项目可按当地实际情况适当降低监测频次，但不可低于每 5 年一次，选测项目可根据当地实际情况适当增加监测频次。一般要求每个监测单元最少设 3 个监测点。

危险废物经营单位应根据实际采用的工艺情况，适当增加选测项目种类和确定监测频次。例如，焚烧厂会对土壤中的二噁英含量进行监测，点位会在 3 个的基础上，另加上下风向的对比监测点。

表 7-5 土壤监测项目与监测频次

项目类别		监测项目	监测频次
常规项目	基本项目	pH 值、阳离子交换量	每 3 年一次 农田在夏收或秋收后采样
	重点项目	镉、铬、汞、砷、铅、铜、锌、镍、六六六、滴滴涕	
特定项目(污染事故)		特征项目	及时采样，根据污染物变化趋势决定监测频次
选测项目	影响产量项目	全盐量、硼、氟、氮、磷、钾等	每 3 年一次 农田在夏收或秋收后采样
	污水灌溉项目	氰化物、六价铬、挥发酚、烷基汞、苯并[a]芘、有机质、硫化物、石油类等	
	POPs 与高毒类农药	苯、挥发性卤代烃、有机磷农药、PCB、PAH 等	
	其他项目	结合态铝(酸雨区)、硒、钒、氧化稀土总量、铝、铁、锰、镁、钙、钠、铝、硅、放射性比活度等	

2. 地下水

根据《地下水环境监测技术规范》(HJ/T 164—2020)，考虑监测结果的代表性和实际采样的可行性和方便性，尽可能在经常使用的民井、生产井以及泉水井处布设监测点，但需满足地下水监测设计的要求。

监测井分为两种，即背景值监测井和污染控制监测井。根据区域水文地质单元状况和地下水主要补给来源，在污染区外围地下水水流上方垂直水流方向，设置一个或数个背景值监测井。污染源的分布和污染物在地下水中的扩散形式是布设污染控制监测井的首要考虑因素，应根据当地地下水流向、污染源分布状况和污染物在地下水中扩散形式，采取点面结合的方法布设污染控制监测井。确定采样频次的依据：背景值监测井和区域性控制的孔隙承压水井每年枯水期采样 1 次；污染控制监测井逢单月采样 1 次，全年 6 次。危险废物经营单位的地下水监测频率可以以此为基础，结合当地的实际情况确定。

地下水监测项目的确定原则：选择《地下水质量标准》(GB/T 14848—2017) 中要求控制的监测项目，以满足地下水质量评价和保护的要求；根据本地区地下水功能用途，酌情增加某些选测项目；根据本地区污染源特征，选择国家水污染物排放标准中要求控制的监测项目，以反映本地区地下水主要水质污染状况。地下水监测项目分为常规监测项目和特殊选测项目，具体监测项目见表 7-6。

表 7-6 地下水监测项目表

常规监测项目	特殊选测项目
pH 值、总硬度、溶解性总固体、氨氮、硝酸盐氮、亚硝酸盐氮、挥发性酚、总氰化物、高锰酸盐指数、氟化物、砷、汞、镉、六价铬、铁、锰、大肠菌群	色、臭和味、浑浊度、氯化物、硫酸盐、碳酸氢盐、石油类、细菌总数、硒、铍、钡、镍、六六六、滴滴涕、总 α 放射性、总 β 放射性、铅、铜、锌、阴离子表面活性剂

对于危险废物经营单位，应根据实际采用的工艺情况，适当增加或减少选测项目种类和确定监测频次。例如：对于综合性处置中心，会对地下水中的重金属监测较多；有危险废物填埋场的单位，会对地下水中的浑浊度、pH 值、溶解性总固体、氯化物、硝酸盐氮、亚硝酸盐氮等指标进行监测，同时根据《危险废物填埋污染控制标准》要求，填埋场运行期间，地下水的监测频率至少为每个月 1 次，填埋场封场后，地下水监测频率至少一季度 1 次。

3. 有组织废气

危险废物经营单位的有组织废气包括焚烧处置设施排放尾气、库房排放废气、其他资源化设施的排放废气，根据《固定源废气监测技术规范》（HJ/T 397—2007）设置合适的采样点。

焚烧处置设施根据《危险废物焚烧污染控制标准》（GB 18484—2020）、《水泥窑协同处置固体废物污染控制标准》（GB 30485—2013）、《水泥工业大气污染物排放标准》（GB 4915—2013）确定监测项目和排放限值。回转窑焚烧系统根据《危险废物焚烧污染控制标准》的要求，监测烟气颗粒物、一氧化碳、氮氧化物、二氧化硫、氟化氢、氯化氢、重金属、二噁英类等 14 项指标。水泥窑协同处置根据《水泥窑协同处置固体废物污染控制标准》的要求，监测氟化氢、氯化氢、汞及其化合物、铊等 13 种重金属、二噁英类；根据《水泥工业大气污染物排放标准》的要求，监测颗粒物、二氧化硫、氮氧化物和氨。

对于焚烧处置设施，无论是回转窑焚烧系统还是水泥窑协同处置，最终排放的烟气中污染物含量均应换算成标准状态下干烟气情况下的数值，其中回转窑焚烧系统以标准状态下 11% O_2（干气）作为换算基准，水泥窑协同处置以标准状态下 10% O_2（干气）作为换算基准。

对于库房的有组织排放废气和其他资源化设施的排放废气，应结合实际存放废物的特性或资源化的工艺特点确定监测项目，参考《大气污染物综合排放标准》（GB 16297—1996）、《恶臭污染物排放标准》（GB 14554—93）或其他地方标准确定排放限值。库房有组织排放废气的监测项目通常包括非甲烷总烃或挥发性有机物、苯、甲苯、二甲苯等。

根据《危险废物焚烧污染控制标准》的要求，烟气中的重金属类污染物每月至少监测 1 次；烟气中的二噁英类每年至少监测 2 次；烟气中的氯化氢、二氧化硫、氮氧化物、颗粒物、一氧化碳等污染物实行在线监测。根据《水泥窑协同处置固体废物污染控制标准》的要求，在水泥窑协同处置危险废物时，烟气中的重金属污染物及总有机碳、氯化氢、氟化氢应每季度至少监测 1 次；烟气中的二噁英类每年至少监测 1 次。其他有组织排放监测项目通常为每季度 1 次。

采样位置应避开给测试人员操作带来危险的场所，应优先选在排气筒的垂直管道，应避开烟道弯头和断面急剧变化的部位。测试现场空间位置有限，很难满足具体要求时，可选择比较适宜的管段采样，但采样断面与弯头等的距离至少是烟道直径的 1.5 倍，并应适当增加监测点的数量和采样频率。必要时应设置采样平台，采样平台应有足够的工作面积使工作人员安全、方便地操作。平台面积应不小于 $1.5m^2$，并设有 1.1m 高的护栏和不低于 10cm 的脚部挡板，采样平台的承重应不小于 $200kg/m^2$，采样孔距平台约为 1.2～

1.3m。详细要求见《固定源废气监测技术规范》(HJ/T 397—2007)。

4. 厂区无组织废气

《大气污染物无组织排放监测技术导则》(HJ/T 55—2000)中明确了无组织排放监测的基本要求，包括控制无组织排放的基本方式、设置监控点的位置和数目。

《大气污染物综合排放标准》规定，针对1997年1月1日前设立的污染源，应在二氧化硫、氮氧化物、颗粒物和氟化物的无组织排放源的下风向设监控点，同时在排放源上风向设参照点，以监控点和参照点的浓度差不超过规定限值来限制无组织排放；对其余污染物在单位周界外设监控点和监控点的浓度限值。根据GB 16297—1996的规定，二氧化硫、氮氧化物、颗粒物和氟化物的监控点设在无组织排放源下风向2～50m范围内的浓度最高点，相对应的参照点设在排放源的上风向2～50m范围内；其余污染物的监控点设在单位周界外10m范围内的浓度最高点。按规定，监控点最多可设4个，参照点只设1个。

《大气污染物综合排放标准》规定，针对1997年1月1日起设立的污染源排放的所有污染物，均在单位周界外设监控点，且监控点设置在规定污染物周界外浓度最高点的位置，一般应设置于无组织排放源下风向的单位周界外10m范围内，若预计无组织排放的最大落地浓度点越出10m范围，可将监控点移至该预计浓度最高点处。

在危险废物经营单位中，无组织排放监测点的选择基本依据上述标准，而监测项目则依据企业内的实际经营情况，有针对性地设置。通常无组织排放指标与库房有组织排放指标有重叠，而且一般包括二氧化硫、氮氧化物和颗粒物等指标。

5. 中水水质

执行废水“零排放”的危险废物经营单位通常会建设污水处理设施，以保证处理厂内产生的生产和生活废水最终实现“零排放”。处理后的中水通常会结合企业内的回用途径而设置回用水质标准。通常，在危险废物经营单位的环评批复中，对回用的中水水质大多批复为《城市污水再生利用 城市杂用水质》(GB/T 18920—2002)中的“冲厕，道路清扫、消防，城市绿化，车辆冲洗，建筑施工”中的一种或几种，本标准已于2020年修订。

通常，企业应该从内部质量控制上，对中水水质进行例行的检测，确保出水水质符合要求。而对于中水的环境监测频率视环保部门的要求确定，一般为一个季度监测1次；对于环境监测项目则严格按照上述标准中的检测项目确定。

6. 焚烧残渣

根据《危险废物焚烧污染控制标准》的要求，确保焚烧残渣的热灼减率<5%，监测频率为每周至少1次。

7. 填埋场渗滤液

根据《危险废物填埋污染控制标准》的要求，填埋场产生的渗滤液等污水必须经过处理方可排放，监测项目为该标准中“表2”所列项目，包括pH值、生化需氧量、化学需氧量、总有机碳等24个监测项目，至少每月监测1次。对柔性填埋场的渗滤液水位进行长期监测，应至少每月监测1次。

（二）信息公开

环保法中对信息公开的要求，不仅要将污染源自动监控信息公开，还应对手动监测信息进行公开，即在线监测的项目要实时公开数据，手动监测的数据要定期进行公开，如未按时公开，要及时说明原因。

在线信息公开，污染源自动监控信息应实时上传到对外公开的网站上，便于环保部门和公众的监督；自动监控系统的安装、验收、运维应有必要的文件记录作为支撑，以确保自动监控数据的准确，同时这些文件记录要存档备查。

手动信息公开，即对有纸质监测报告的内容进行公开。环保部门要求公开的监测信息有可能与许可证上要求的内容有所差异，如果手动信息公开的内容与常规环境监测内容相同，则可以采用常规环境监测的监测报告数据，否则需要再针对信息公开的内容单独进行监测并出具监测报告予以公开发布。特别需要强调的是，如果手动信息公开的环境监测内容不是委托第三方检测机构出具，而是企业自行完成，则企业应将各种信息记录保留完整，包括实验室硬件设施的检定与维护记录、实验室质量控制记录、人员资质信息，以及开展监测项目的相关原始记录与监测报告等。

（三）监督监测

监督监测是不定期、不定时、不定项的监测，通常是上一级环境保护主管部门委托第三方检测机构对危险废物经营单位开展监测。以北京地区为例，这种委托是以 1 年为周期，即一年时间内的监督监测均由同一个第三方检测机构负责开展，因此，危险废物经营单位应积极配合检测单位做好监督监测工作，并安排专人负责。该人员要掌握环境监测的基本知识，熟悉企业内的设施排污点，才能更好地配合第三方检测机构完成监督监测工作。对危险废物经营单位来说，最常见的监督监测通常为焚烧炉尾气排放监测、中水监测、无组织排放监测等。

五、应急检测

应急检测是指突发环境事件后，对污染物种类、污染物浓度和污染范围进行的检测。如果危险废物经营单位还具有城市应急救援的功能，则还应配备一些必备的应急检测设备，常见的有水、土壤、气体的应急检测设备。目前市场上，有专门的应急检测箱，如突发事件水质检测箱、应急有毒有害气体检测箱、土壤应急检测器等，所有应急检测箱均能完成采样和分析，基本无需另外配置采样工具等。

六、研发检测

危险废物经营单位的实验室除了开展进厂废物的常规检测、生产运行期间的例行控制检测工作外，为了配合技术研发工作，还会承担一些相应的检测工作，例如，生产过程预处理方式的研发、某种废物处置方案的小试或处置方式优化等，通常这些工作会在实验室内完成。不同于常规的废物物性检测，与研发相关的实验室检测是一套完整的系统性工作，从前期明确生产问题或研发课题、编写实验方案，同时准备实验所需仪器、药品等，到后期实验完成后编写实验报告或根据实验发现及时调整实验方案等，要求参与人员具有较高的综合素质。

研发检测不仅需要人员具有较高的综合素质，实验室的检测仪器设备也需要相应增加。根据《危险废物集中焚烧处置工程建设技术规范》（HJ/T 176—2005）等的要求，研发检测不是必备的项目，因此企业可以根据实际情况和企业定位统筹安排。

七、常用检测标准

实验室开展检测工作的重要技术依据即检测标准。将危险废物经营单位常用的检测标准汇总如下，包括水质、固体废物、环境空气、辅料检测等相关的标准。有些检测项目的检测标准并不唯一，经营单位可以视实验室的仪器、药品、人员情况等，选择使用适宜的检测标准。各项标准是否现行有效或作废，可以在全国标准信息公共服务平台上进行查阅。

1. 水质检测标准

①《生活饮用水标准检验方法 感官性状和物理指标》（GB/T 5750.4—2006）

②《生活饮用水标准检验方法 无机非金属指标》（GB/T 5750.5—2006）

③《生活饮用水标准检验方法 金属指标》（GB/T 5750.6—2006）

④《生活饮用水标准检验方法 有机物综合指标》（GB/T 5750.7—2006）

⑤《生活饮用水标准检验方法 微生物指标》（GB/T 5750.12—2006）

⑥《工业锅炉水质》（GB/T 1576—2018）

⑦《锅炉用水和冷却水分析方法 磷酸盐的测定》（GB/T 6913—2008）

⑧《水质 pH 值的测定 玻璃电极法》（GB/T 6920—1986）

⑨《水质 悬浮物的测定 重量法》（GB/T 11901—1989）

⑩《水质 浊度的测定》（GB/T 13200—1991）

⑪《水质 化学需氧量的测定 快速消解分光光度法》（HJ/T 399—2007）

⑫《水质 化学需氧量的测定 重铬酸盐法》（HJ 828—2017）

⑬《水质 溶解氧的测定 电化学探头法》（HJ 506—2009）

⑭《水质 石油类和动植物油类的测定 红外分光光度法》（HJ 637—2018）

⑮《水质 总氮的测定 碱性过硫酸钾消解紫外分光光度法》（HJ 636—2012）

⑯《水质 五日生化氧量（BOD_5）的测定 稀释与接种法》（HJ 505—2009）

⑰《水质 挥发酚的测定 4-氨基安替比林分光光度法》（HJ 503—2009）

⑱《水质 银的测定 3,5-Br_2-PADAP 分光光度法》（HJ 489—2009）

⑲《水质 铜的测定 二乙基二硫代氨基甲酸钠分光光度法》（HJ 485—2009）

⑳《水质 氰化物的测定 容量法和分光光度法》（HJ 484—2009）

㉑《水质 铁的测定 邻菲啰啉分光光度法》（HJ/T 345—2007）

㉒《水质 氯化物的测定 硝酸银滴定法》（GB/T 11896—1989）

㉓《水质 总磷的测定 钼酸铵分光光度法》（GB/T 11893—1989）

㉔《水质 高锰酸盐指数的测定》（GB/T 11892—1989）

㉕《水质 六价铬的测定 流动注射-二苯碳酰二肼光度法》(HJ 908—2017)

㉖《水质 氟化物的测定 离子选择电极法》(GB/T 7484—1987)

2. 固体废物检测标准

①《固体废物 浸出毒性浸出方法 硫酸硝酸法》(HJ/T 299—2007)

②《固体废物 22 种金属元素的测定 电感耦合等离子体发射光谱法》(HJ 781—2016)

③《危险废物鉴别标准 浸出毒性鉴别》(GB 5085.3—2007)

3. 环境空气和废气检测标准

①《空气和废气 氨的测定 纳氏试剂分光光度法》(HJ 533—2009)

②《环境空气和废气 砷的测定 二乙基二硫代氨基甲酸银分光光度法》(HJ 540—2009)

③《环境空气和废气 氯化氢的测定 离子色谱法》(HJ 549—2016)

④《环境空气 氨的测定 次氯酸钠-水杨酸分光光度法》(HJ 534—2009)

⑤《环境空气 苯系物的测定 固体吸附/热脱附-气相色谱法》(HJ 583—2010)

⑥《环境空气 苯系物的测定 活性炭吸附/二硫化碳解吸-气相色谱法》(HJ 584—2010)

⑦《环境空气 二氧化硫的测定 甲醛吸收-副玫瑰苯胺分光光度法》(HJ 482—2009)

⑧《环境空气 氟化物的测定 滤膜采样氟离子选择电极法》(HJ 480—2009)

⑨《环境空气 氮氧化物(一氧化氮和二氧化氮)的测定 盐酸萘乙二胺分光光度法》(HJ 479—2009)

⑩《环境空气 总悬浮颗粒物的测定 重量法》(GB/T 15432—1995)

⑪《环境空气 铅的测定 石墨炉原子吸收分光光度法》(HJ 539—2015)

⑫《固定污染源废气 汞的测定 冷原子吸收分光光度法》(HJ 543—2009)

⑬《固定污染源废气 硫酸雾的测定 离子色谱法》(HJ 544—2016)

⑭《固定污染源废气 氯化氢的测定 硝酸银容量法》(HJ 548—2016)

⑮《固定污染源排气中氰化氢的测定 异烟酸-吡唑啉酮分光光度法》(HJ/T 28—1999)

⑯《固定污染源排气中铬酸雾的测定 二苯基碳酰二肼分光光度法》(HJ/T 29—1999)

⑰《固定污染源排气中氯气的测定 甲基橙分光光度法》(HJ/T 30—1999)

⑱《固定污染源排气中酚类化合物的测定 4-氨基安替比林分光光度法》(HJ/T 32—1999)

⑲《固定污染源排气中甲醇的测定 气相色谱法》(HJ/T 33—1999)

⑳《固定污染源排气中聚乙烯的测定 气相色谱法》(HJ/T 34—1999)

㉑《固定污染源排气中乙醛的测定 气相色谱法》(HJ/T 35—1999)

㉒《固定污染源排气中丙烯醛的测定 气相色谱法》(HJ/T 36—1999)

㉓《固定污染源排气中丙烯腈的测定 气相色谱法》(HJ/T 37—1999)

㉔《固定污染源排气中非甲烷总烃的测定 气相色谱法》(HJ/T 38—1999)

㉕《固定污染源排气中氯苯类的测定 气相色谱法》(HJ/T 39—1999)

㉖《固定污染源排气中苯并[a]芘的测定 高效液相色谱法》(HJ/T 40—1999)

㉗《固定污染源排气中石棉尘的测定 镜检法》(HJ/T 41—1999)

㉘《固定污染源排气中氮氧化物的测定 紫外分光光度法》(HJ/T 42—1999)

㉙《固定污染源排气中氮氧化物的测定 盐酸萘乙二胺分光光度法》(HJ/T 43—1999)

㉚《固定污染源排气中一氧化碳的测定 非色散红外吸收法》(HJ/T 44—1999)

㉛《固定污染源排气中沥青烟的测定 重量法》(HJ/T 45—1999)

㉜《固定污染源排气中二氧化硫的测定 碘量法》(HJ/T 56—2000)

㉝《固定污染源排放 烟气黑度的测定 林格曼烟气黑度图法》(HJ/T 398—2007)

㉞《大气固定污染源 镍的测定 丁二酮肟-正丁醇萃取分光光度法》(HJ/T 63.3—2001)

㉟《大气固定污染源 镉的测定 对-偶氮苯重氮氨基偶氮苯磺酸分光光度法》(HJ/T 64.3—2001)

㊱《大气固定污染源 锡的测定 石墨炉原子吸收分光光度法》(HJ/T 65—2001)

㊲《大气固定污染源 氯苯类化合物的测定 气相色谱法》(HJ/T 66—2001)

㊳《大气固定污染源 氟化物的测定 离子选择电极法》(HJ/T 67—2001)

㊴《大气固定污染源 苯胺类的测定 气相色谱法》(HJ/T 68—2001)

4. 其他检测标准

①《土壤和沉积物 挥发性有机物的测定 吹扫捕集/气相色谱-质谱法》(HJ 605—2011)

②《土壤质量 总汞、总砷、总铅的测定 原子荧光法》(GB/T 22105.1/2/3—2008)

③《煤的发热量测定方法》(GB/T 213—2008)

④《化学试剂 磷酸盐测定通用方法》(GB/T 9727—2007)

⑤《次氯酸钙(漂粉精)》(GB/T 10666—2019)

⑥《制盐工业通用试验方法 氯离子的测定》(GB/T 13025.5—2012)

⑦《工业氢氧化钙》(HG/T 4120—2009)

⑧《饲料级 硫酸亚铁》(HG/T 2935—2006)

⑨《工业硝酸 稀硝酸》(GB/T 337.2—2014)

⑩《工业硫酸》(GB/T 534—2014)

⑪《工业氧化钙》(HG/T 4205—2011)

⑫《工业氯化钙》(GB/T 26520—2011)

⑬《水处理剂 聚合硫酸铁》(GB/T 14591—2016)

⑭《水处理剂 阴离子和非离子型聚丙烯酰胺》(GB/T 17514—2017)

⑮《工业过氧化氢》(GB/T 1616—2014)

⑯《工业用氢氧化钠》(GB/T 209—2018)

⑰《工业用氢氧化钠 氢氧化钠和碳酸钠含量的测定》(GB/T 4348.1—2013)

⑱《工业用氢氧化钠 氯化钠含量的测定 汞量法》(GB/T 4348.2—2014)

⑲《工业用氢氧化钠 实验室样品和进行项目测定用主溶液的制备》(GB/T 29643—2013)

⑳《木质活性炭试验方法 粒度的测定》(GB/T 12496.2—1999)

㉑《石灰石及白云石化学分析方法 第1部分:氧化钙和氧化镁含量的测定 络合滴定法和火焰原子吸收光谱法》(GB/T 3286.1—2012)

第四节　危险废物经营单位实验室管理

一、实验室质量管理体系简介

（一）CMA

CMA 是中国计量认证的英文简称，英文全称为 China Inspection Body and Laboratory Mandatory Approval。CMA 是根据《中华人民共和国计量法》的规定，由省级以上人民政府计量行政部门对检测机构的检测能力及可靠性进行的一种全面的认证及评价，认证对象是所有对社会出具公正数据的产品质量监督检验机构及其他各类实验室等。取得计量认证合格证书的检测机构，允许其在检验报告上使用 CMA 标记。有 CMA 标记的检验报告可用于产品质量评价、成果及司法鉴定，具有法律效力。

（二）CNAS

CNAS 是中国合格评定国家认可委员会的英文缩写，英文全称是 China National Accreditation Service for Conformity Assessment。中国合格评定国家认可委员会是根据《中华人民共和国认证认可条例》的规定，由国家认证认可监督管理委员会批准设立并授权的国家认可机构，统一负责对认证机构、实验室和检查机构等相关机构的认可工作。CNAS 的实质是对检测实验室开展的特定的检测项目的认可，并非实验室的所有业务活动。检测实验室通过了 CNAS 的认可，表明此实验室在该检测领域认可范围内的检测项目具有按相应认可准则开展相应检测和校准服务的技术能力，做到使用的检测方法准确、出具的检测数据合理。

（三）三方实验室

“第一方实验室”是组织内的实验室，检测/校准自己生产的产品，数据为我所用，目的是提高和控制自己生产的产品质量。

“第二方实验室”也是组织内的实验室，检测/校准供方提供的产品，数据为我所用，目的是提高和控制供方产品质量。

“第三方实验室”则是独立于第一方和第二方、为社会提供检测/校准服务的实验室，数据为社会所用，目的是提高和控制社会产品质量。通常所说的具有法律效力的“第三方实验室”，即具有 CMA 资格的实验室，而通常具有 CMA 资格的实验室都会通过 CNAS 认可。

（四）危险废物经营单位内部实验室管理建议

危险废物经营单位内部实验室通常是为企业内部服务的“第一方实验室”。内部实验室不是独立法人机构，不具备申请 CMA 资质的基本条件，但是如果企业想要把实验室的检测功能做大，也可以让实验室独立出来，待各项硬件及软件符合 CMA 的要求后进行申请。如果不具备申请 CMA 资质的条件，还可以通过取得 CNAS 的认可来提高实验室自身的技术能力。

如果要申请CNAS认可，需要参照CNAS—CL01《检测和校准实验室能力认可准则》（ISO/IEC 17025：2018）建立管理体系，其主要内容分为两个部分，分别是管理要求和技术要求。管理要求给出了检测实验室在组织架构、文件、记录、采购、服务等方面该如何做；而技术要求则对人员能力、设施环境、检测方法选择、数据控制、设备溯源、结果报告等方面进行了规定。

对于危险废物经营单位来说，建议参考上述认可准则开展实验室建设，确保实验室管理规范、检测数据有效。

二、实验室人员管理

高水平的实验室建设，离不开高水平的技术人员团队，实验室人员管理是实验室管理的重要内容之一。实验室人员岗位设置及岗位要求，在前面已经介绍过，这里主要介绍对实验室人员的培训管理。

为了不断提高实验室的检测能力和技术水平，确保检测工作合规、数据准确，应定期开展有针对性的人员培训工作。根据工作需要，应该在新分配或新调入员工上岗前、仪器设备更新后或投入使用前、标准更改或方法变化时、开展新项目时或执行新标准和新方法之前，进行相应的培训。培训内容应包括理论知识和操作技能的培训，培训过程应有培训计划、实施记录和培训有效性评价。培训工作的全部资料应归档留存，包括文字材料和影像资料。视培训内容不同，可以采用内部人员讲授或外聘人员讲授等形式。

1. 例行业务培训（按培训内容分类）

（1）规章制度。实验室管理者应定期组织全体成员进行规章制度宣贯，确保实验室人员管理、设备管理、技术管理等有序、高效。

（2）法律法规。定期组织全员进行环保、危废、检测相关法律法规培训，做到有法可依、有法必依。

（3）常用基础知识。培训内容包括与处置工艺相关的工艺流程、相关基本概念等，还应包括与检测相关的名词术语等，培训讲师可以由实验室人员轮流担任。

（4）检测知识。由于实验室的检测员各有分工，负责不同的检测任务，因此每一名检测员对不同的检测项目熟练程度相差较大。实验室可以定期组织某一具体检测项目的培训，包括检测原理、检测过程、检测仪器的使用等，使每名检测员都能较全面地掌握检测知识和方法，一方面可以提高检测人员的技能，另一方面可以满足临时替补岗位的需要。

（5）检测实操。针对某一常规检测项目，选择一名检测员进行检测，其他人员观摩，然后让观摩人员指出操作过程中的问题或应该注意的地方，以此来强化检测员对操作过程的把控，同时改正个别检测员的错误习惯。整个过程可以形成影像记录，便于其他人员强化认识，继续学习。

（6）危险源辨识。定期开展危险源的分类、危险源的辨识方法、风险评价方法等内容的培训，例如，安全员要懂得整个实验室的危险源辨识，检测员要针对所在检测岗位的特点开展危险源辨识等，降低安全事故发生的概率。

（7）安全知识。实验室安全员根据日常业务工作流程，有针对性地制订安全培训计划，培训内容可以是常见化学物质的危险特性认知、某个常用检测过程的事故应急处置措施、通用安全知识等，旨在提高职工安全意识和事故自救技能等。

（8）应急预案。实验室应编制专项的应急预案或个别现场处置方案，并定期自行组织演练。预案的演练应组织得当，演练方案详细并具有可操作性、指导性，相关文件、影像资料做好存档。

2. 特殊培训（按培训目的分类）

（1）新员工上岗前。新入职员工要经过三级安全培训后，方可正式进入实验室，在开始具体工作前，应进行一系列培训。通用培训内容包括熟悉实验室的规章制度、实验室的业务内容范围等。针对新入职员工的岗位需求开展必要的技能培训，培训方式包括内部和外部两种途径。如果是检测员，在进行各项检测技能培训后，必须进行实操考核，考核合格后方可上岗操作。

（2）新仪器使用前。大型精密仪器使用前，通常由仪器厂家的工程师对实验室人员进行现场培训，培训内容包括仪器原理、使用和维护方法等。如果仪器厂家没有组织相应的考试，实验室内部可以自行组织培训效果评价，评价方式可以采用答题或交流的形式。其他小型新仪器投入使用前，可以由实验室技术负责人组织培训工作，而且也需要设立考核环节，以保证培训效果。

（3）新标准使用前。新标准使用前，实验室技术负责人应认真梳理并总结新标准中的技术点，组织实验室相关检测人员进行技术交流。应用新标准开展检测活动时，技术负责人应全程监督，确保检测过程符合标准要求，确保实验过程安全。

（4）新项目检测前。实验室开展一个全新的检测项目或采用新的检测方法开展检测前，首先应完善该检测项目或检测方法的作业指导书和安全操作规程，同时确认所需相关物资和劳保用品齐全。检测人员必须经过培训，掌握详细的操作过程、各技术控制点、安全注意事项等内容后，方可开展检测活动，否则容易发生各种安全、环保事故。如果检测过程中使用强酸、强碱或其他危险化学品时，在初次开展新项目检测或初次使用新检测方法时，技术负责人必须全程监督。

三、实验室技术管理

（一）检测方法的确认

检测方法的确认即通过核查并提供客观证据，证实该方法适用，并能达到预期目标。确定检测方法可采用以下所述的方法：使用参考标准或标准物质进行校准、与其他方法所得的结果进行比较、与其他实验室数据进行比对，同时对影响结果的因素作系统性分析，根据对实验方法的理论原理和实践经验的理解，依据实验方法检测积累的数据，对所得结果不确定度进行评定。

检测方法应选用最新版本的国家或地方标准中要求使用的检测方法，有行业标准的应优先考虑使用；没有上述可用的标准时，可由实验室自行编制实验方法，但须经验证满足要求。当实验室需要自行编制方法时，应由技术人员对新检测方法进行确认和评审，将已确认的方法报实验室主任批准；当需要更改已编制的方法时，应经实验室主任批准，必要时应重新进行检测方法的确认和评审，确认和评审结果以及必要的改进记录应予以保存。自行编制的方法以及更改后的方法应通知到所有的执行人员，必要时应组织宣贯和培训。

标准更新时，实验室主任应组织实验室的技术人员召开讨论会，确认实验室是否有足够资源和能力应用新标准开展工作；比较新旧标准的差异，确认实验员了解、掌握新方法，确认实验室具备充足的资源后方可按新标准开展检测。

当采用以下非标准方法时，均应在使用前进行适当的确认：使用标准方法中未包含的方法时；超出标准方法预期使用范围时；对标准方法的扩充和修改时；实验室自行设计（编制）的方法。

（二）检测工作流程

检测工作开始前，样品先由样品管理员登记、编号，再交由检测员开展检测工作。登记的样品要求样品信息完整、包装完整、标签批号清楚。样品管理员仔细检查核对样品的名称、批次、来源等，如有问题及时提出，无误后在实验室采样登记表（表 7-7）上登记。样品登记后，按样品登记本上的样品信息填写该样品的标签，并将“待检”标签贴于样品瓶表面，置于待检区。

表 7-7　实验室采样登记表（样表）

样品编号	样品名称	规格/型号	样品状态	数量	样品来源	包装状态				样品交接人员签字		接收样品时间	备注
						有	无	好	损	交样人	收样人		

样品应由具备相应专业技术、经考核合格已取得上岗证的人员进行检测，见习期人员、外来进修人员、实习人员或待岗培训人员不得独立开展检测工作。检测员接受样品后，根据样品标签上的样品信息开展检测工作，对实验所用试剂、药品、对照品和仪器设备进行核查，发现缺少易耗品或药剂时应及时向化学试剂管理员报告进行申购或配备。

检测结果不符合常规的项目或检测结果处于边缘数据的项目，除规定只能以一次检测结果为准不得复测外，一般应予复测。复测应由检测员申述理由，查找原因，经实验室主任同意后方可进行，必要时可指定他人进行比对验证实验。检测过程中，检测员应如实记录原始数据，严禁事先记录、事后补记或转抄，不得随意涂改、撕页，检测项目结果要逐项填写。检测完成后，应及时将样品放回已检区待处理。检测任务全部完成后，检测员将检测结果交给相关人员进行校核，无异议后出具检测数据报告。

四、实验室文件管理

（一）文件的编制要求

实验室文件包括规章制度、作业指导书、安全操作规程、记录等。为了对各文件的有效性和唯一性进行识别，应该对所有使用的文件进行统一编号，实验室确定编号原则后实施。为了使文件格式规范统一，应该明确各大类文件的模板，例如作业指导书可包括目的、适用范围、方法原理、仪器设备、试剂与材料、环境条件、检测步骤、记录和数据处理、记录表格等。记录文件是一种特殊的实验室文件，完整且全面的记录文件确保了实验室各项工作的可追溯性。随着实验室各项工作的不断完善，应及时对记录不断修订，确保记录的登记、使用与实验室的各项管理相适应。

（二）文件的日常管理

资料员负责文件、资料的日常管控。资料员按类别建立文件清单，动态跟踪，及时更新。实验室成员应协助资料员收集各种外来资料，收集到的资料文件应由资料员统一保管。资料员对文件的发放应做好发放记录，由接收文件人员签收。资料员应及时收回作废的文件，如果由于工作需要必须保留作废的文件时，应在文件上体现明显的作废标识。实验室人员借阅标准、资料、文件等，应向资料员办理借阅手续，并做好借阅记录，在规定时间返还。外部人员借阅文件时，应经实验室主任批准后方可借阅。人事档案和仪器设备档案属永久保存档案，不做销毁处理，由资料员负责保管。资料和档案的保管应注意防霉、防虫蛀，应采取必要的措施，保证归档记录在保存期限内完好无损。

（三）记录的日常管理

各类记录应分别先保存在各使用组别，年终归档至资料员处，归档时应履行交接签收手续。资料员对归档的记录应进行分类、编写目录、登记、统计和必要的加工整理。归档的记录按内容分类、时间顺序编写目录，数量多的可考虑区域分类。实验室归档的记录原则上不允许外借，对其查阅实行权限管理，防止泄密。需查阅人员经实验室主任批准后在资料员处登记办理查阅。归档的记录如超过保存期或因其他特殊情况需要销毁时，由资料员汇总所有需要销毁的记录清单报实验室主任批准后，执行销毁。

五、实验室仪器管理

（一）仪器设备的管理

1. 设备台账及维护计划管理

设备管理员负责建立本实验室所有仪器设备的台账，其中须列明设备名称、唯一性编号（实验室自定编号原则）、生产厂家、规格型号、主要技术指标（如测量范围、准确度等级、分辨率等）、启用时间、使用部门、存放地点、责任人等，以便统一管理。设备管理员负责仪器设备档案的建立及管理。

设备管理员应制订设备维护计划，同时按照维护计划上的时间要求按时对设备进行检定、校准、期间核查等。当设备管理员发现操作人员操作不当、仪器过载、检测结果可疑，或仪器设备出现故障、在仪器维护过程中发现异常现象时，应要求停止使用该设备，再根据具体问题采取相应的措施。

2. 设备状态标识管理

对结果有影响的仪器设备投入使用前均应检查或校准，由设备管理员粘贴校准状态标识，包括合格标识、准用标识、停用标识。其中，“合格标识”指仪器设备符合使用要求；“准用标识”指仪器设备存在部分缺陷，但在限定范围内可以使用；“停用标识”指仪器设备损坏、经检定/校准技术指标达不到使用要求，或超过检定/校准周期未检定校准，或对仪器设备的性能有怀疑，或不符合检测技术规范规定，这类设备应暂时封存，停止使用。

在设备（包括软件和硬件）已经安装、调试、校准或检定合格后，设备管理员应该采取良好的保护措施：对不应随意调整的旋钮、面板处粘贴警示标志或封条等；每台设备指定责任人，全面负责该设备的维护、保养、安全保护等工作；未经批准，任何人不得擅自调整设备。

大型、复杂的新仪器设备首次投入使用时，如果人员操作经验不足或设备厂家提供的操作手册不够详实，技术负责人应组织编制操作方面的作业指导书。停用的设备经修理投入使用前，应重新校准，检验合格后才能工作。

3. 外出使用设备管理

仪器设备离开实验室到生产现场开展检测、仪器设备被外借，或在实验室内部由非实验室人员操作仪器设备等，当该设备返回实验室管理人员处时，使用人员或设备管理员应对其功能和校准状态进行核查，确认正常后方可继续投入使用。显示结果若是可疑或不满意，应暂停使用该设备，采取必要的措施，如调整、修理乃至报停，并作好记录。

（二）仪器的期间核查

期间核查是指为保持对设备校准状态的可信度，在两次检定之间进行的核查。

应关注这些设备的期间核查：大型仪器设备、性能不太稳定的设备、使用较为频繁的设备、经常携带到现场检测以及在恶劣环境下使用的设备、用于重大任务的设备。

核查标准是仪器设备做期间核查时考核核查结果的实物依据，因此核查标准的性能必须稳定。可以选择高一级准确度等级的计量器具或有证标准物质作为核查标准，也可以使用性能、量值稳定的实物器具或一种标准物质作为核查标准。

设备管理员组织编写期间核查作业指导书，在两次校准或检定间隔内可核查1～2次。

期间核查时，应对有关仪器设备的核查数据加以分析，其记录方式应便于发现数据发展趋势，并据此调整核查和校准周期，确保校准状态可信。

期间核查的各类文件、记录应由设备管理员整理后列入设备档案，进行统一归档管理。

（三）标准物质的管理

化学试剂管理员应建立本实验室在用标准物质的档案。标准物质档案的内容应包括标准物质的名称及批号、生产制造商、制造和购买时间、标准物质的等级、标准物质的量值和准确度、标准物质的数量、标准物质的有效期、领用人和领用量登记、标准物质更新替换时的验证和比对记录、其他使用信息。

化学试剂管理员对采购的标准物质进行核查，从外观上检查包装是否完好，标签是否清晰、完整，是否在有效期内，是否是有证的标准物质。使用人员应认真做好符合性检查记录。

标准物质的贮存应遵循标准物质说明书中的要求和保存规定。对于贮存环境条件要求较高的标准物质，应对其贮存环境进行监控，必要时应记录贮存条件等信息。

化学试剂管理员应制订标准物质核查计划，并按计划定期对标准物质进行核查，以保持其状态的可信度，具体核查方式如下：

（1）对于实验室保存的未开封的标准物质，应定期检查其包装是否完好、标签是否清晰完整、标准物质的状态有无异常、该标准物质的证书保存是否完整、标准物质是否在有效期内。

（2）对于实验室已开封正在使用的标准物质，应运用相应的仪器进行检测，以检查标准物质是否纯净、标准物质的检测值是否在标准物质证书给定的不确定度范围以内。

（3）超过有效期或保质期的标准物质，化学试剂管理员应及时粘贴“停用”标识，防止误用。化学试剂管理员对停止使用的标准物质应经批准后及时进行销毁处理。

六、实验室样品管理

（一）检测样品接收

在为服务对象提供样品检测服务时，应有必要的交接手续和文件。样品管理员受理委托检测时，应要求委托方在“委托检测协议书”（内部检测可以简化流程，采用类似功能的文件或交接单即可）上填写足够的信息，有特殊要求的，需要一并在委托书中注明。在对委托书上的内容核对无误后，双方签字，协议生效。委托书一式两联，委托方联交委托方留存，作为领取检测报告和领回检测物品的凭据，存根联由样品管理员归档保存。接受检测委托时，也可以采用信息管理系统进行登记，在信息管理系统里生成相关电子凭据。

（二）样品信息核查

样品管理员应按检测要求核查送检样品的完整性和对应检测要求的适宜性，详细核对送检样品的信息，如样品名称、样品状态、样品数量、样品贮存要求、检测要求、依据的标准方法、检测项目或参数、提供的附件及资料、送检单位、联系人、联系方式、保密要求、取报告时间和方式、其他要求等。

（三）样品标识使用

设置实验室样品编码标识系统，确保整个检测流转过程中不论是实物还是记录等文件均不混淆。样品流转过程中检测人员应根据样品流转的不同环节对样品状态进行标识。样品状态应包括待检、在检、已检、留样四个检测状态，检测物品应根据不同的检测状态放置在不同区域。在样品的制备、检测、传递、贮存过程中，各检测人员都应做好标识的使用和记录工作，应确保样品标识不混淆。

（四）样品内部交接

样品管理员与检测员办理待检物品、附件及资料交接手续时，双方应在检测样品交接单上逐一填写待检样品的数量、要求、附件、资料，并签字确认。

（五）样品贮存管理

对有特殊贮存要求的检测样品，应建立贮存环境的监控设施；样品管理员应对监控过程进行记录，以证实检测物品的贮存条件符合客户要求。例如：需要在低温下保存样品时，应记录冰箱温度；对于贵重样品必须存放于指定地点，专人管理。

样品管理员应定期统一处理检测后剩余的、客户没有要求留样、没有要求送检第三方等的样品。

七、实验室试剂管理

（一）试剂贮存管理

实验室的化学试剂分为普通试剂、易制毒试剂和易制爆试剂。化学试剂应单独存放在试剂库里，如果易制毒或易制爆试剂量较多，还应考虑单独存放。对于应单独存放的易燃易爆试剂可以单独使用一个库房，或与其他试剂存于同一库房、但使用防爆柜存放，以便管理。

（二）试剂购买管理

在《易制毒化学品目录》中，危险废物经营单位常用到的试剂包括硫酸、盐酸、高锰酸钾等；常用到的出现在《易制爆危险化学品名录》中的试剂包括硝酸、硝酸盐类、重铬酸盐类等。根据《易制毒化学品管理条例》《危险化学品安全管理条例》的相关规定，结合当地公安机关的要求，经营单位在购买和使用易制毒、易制爆化学品时，需要提供齐全的手续。

（三）特殊试剂管理

针对易制毒、易制爆化学试剂的管理，除了建立出入库台账、定期盘库、化学试剂专人管理等常规措施外，建议实施以下更严格的管理办法。

（1）在试剂出库过程中，试剂用多少领多少，多余的部分要及时返库；使用过程中，检测人员应该在相应文件材料中对使用数量进行记录。

（2）实行双人双锁管理，降低人为安全风险。

（3）本实验室采购的试剂，不得转借他方使用。

（4）过期需要销毁的试剂，需要由实验室主任批准后，两人以上会同相关部门共同完成销毁工作。

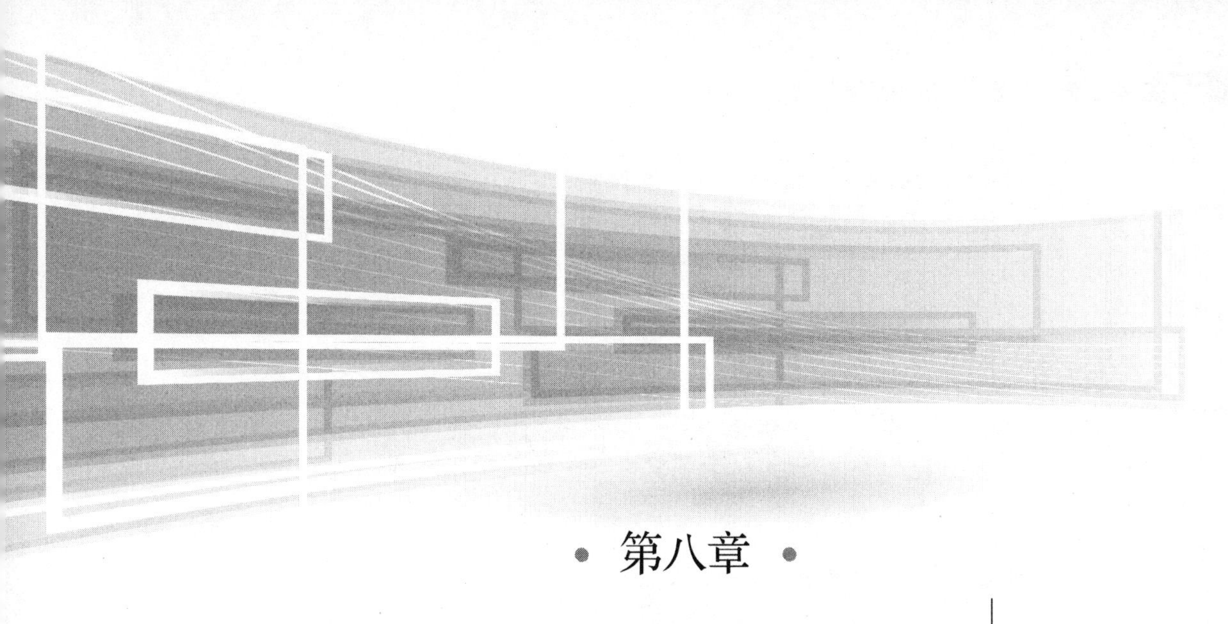

• 第八章 •

危险废物贮存管理

第一节 相关法律法规

相关法律法规包括：

《中华人民共和国固体废物污染环境防治法》

《危险废物贮存污染控制标准》(GB 18597—2001)

《环境保护图形标志——固体废物贮存（处置）场》(GB 15562.2—1995)

《危险废物贮存、转运工具、处置场所及包装物危险废物标志标识设置指引》

《医疗废物管理条例》

《医疗废物集中处置技术规范（试行）》

固废法中的第七十七条提出：“对危险废物的容器和包装物以及收集、贮存、运输、利用、处置危险废物的设施、场所，应当按照规定设置危险废物识别标志”。因此在《危险废物贮存污染控制标准》中，对贮存容器标签的样式及使用做出详细的规定，同时在本标准中还对危险废物贮存设施的一般要求、贮存容器要求、贮存设施的选址与设计、贮存设施的运行与管理、贮存设施的安全防护与监测、贮存设施的关闭等做出规定。《环境保护图形标志——固体废物贮存（处置）场》则明确了一般工业废物和危险废物贮存场和处置场的标志样式和用途。《危险废物贮存、转运工具、处置场所及包装物危险废物标志标识设置指引》是对《危险废物贮存污染控制标准》和《环境保护图形标志——固体废物贮存（处置）场》的有益补充，对标志标识在不同应用场景、各种具体情况下的合理使用提出了要求，可操作性强。

由于医疗废物特殊的危险特性——感染性，因此在其贮存的过程中，除了要满足上述的一些通用规定，还应满足《医疗废物管理条例》和《医疗废物集中处置技术规范（试行）》等要求。这两项条例和技术规范主要针对其感染性，详细规定了医疗废物的贮存时间、贮存设施内的消毒要求、不同特点的医疗废物使用哪些包装容器等。

第二节 规范化管理

一、危险废物贮存管理的一般要求

（一）危险废物贮存设施要求

所有危险废物的产生者和危险废物的经营者应建造专用的危险废物贮存设施，也可利用原有构筑物改建成危险废物贮存设施。贮存库房的地面与裙脚要用坚固、防渗的材料建造，建筑材料必须与危险废物相容。必须有泄漏液体收集装置、气体导出口及气体净化装置。设施内要有安全照明设施和观察窗口。存放装载液态、半固态危险废物容器的区域，必须有耐腐蚀的硬化地面，且表面无裂隙。应设计堵截泄漏的裙脚，地面与裙脚所围建的容积不低于堵截最大容器的最大储量或总储量的五分之一。不相容的危险废物必须分开存放，并设有隔离间隔断。

（二）危险废物贮存安全要求

在常温常压下易爆、易燃及排出有毒气体的危险废物必须进行预处理，使之稳定后贮存，否则，按易爆、易燃危险品贮存。在常温常压下不水解、不挥发的固态危险废物可在贮存设施内分别堆放，除此规定外，必须将危险废物装入容器内。禁止将不相容（相互反应）的危险废物在同一容器内混装。无法装入常用容器的危险废物可用防漏胶袋等盛装。装载液态、半固态危险废物的容器内须留足够空间，容器顶部与液体表面之间保留100毫米以上的空间。医院产生的临床废物，必须当日消毒，消毒后装入容器。

（三）危险废物贮存管理要求

《危险废物贮存污染控制标准》中规定："危险废物产生者和危险废物贮存设施经营者均须做好危险废物情况的记录，记录上须注明危险废物的名称、来源、数量、特性和包装容器的类别、入库日期、存放库位、废物出库日期及接收单位名称。"危险废物经营单位应对每批危险废物进行编号，通过这个唯一编号可以追溯其在危险废物经营单位内的全部流转过程。危险废物入库、出库应详细记录，可以采用纸质记录也可以采用信息系统辅助记录。同一批次的危险废物的入库单应与出库单一一对应，出入库记录的信息应全面，通过记录信息可以追溯到废物的来源、取出位置、废物的包装容器、废物的状态、废物的数量等重要信息，同时通过废物的唯一代码可以查到其分析检测数据。

二、危险废物贮存管理的特殊要求

（一）医疗废物贮存管理

医疗废物经营单位和医疗卫生机构的医疗废物贮存，参考《医疗废物管理条例》和《医疗废物集中处置技术规范（试行）》的要求来管理。应主要关注贮存设施内的温度和对应的允许贮存时间、贮存设施的位置设置要求、贮存设施内的消毒要求，以及专用的包装和周转容器要求等。

在重大传染病情期间产生的医疗废物，应关注事发地的县级以上人民政府确定的应对方案进行特殊管理。

（二）剧毒类废物贮存管理

企业如设置剧毒库，剧毒库应执行“五双管理”，即“双人收发、双人入账、双人双锁、双人运输、双人使用”的管理原则。除按照公安系统对剧毒库的管理要求执行外，还应按照危险废物的常规管理办法对剧毒库进行管理。

（三）超期贮存管理

固废法第八十一条规定：“从事收集、贮存、利用、处置危险废物经营活动的单位，贮存危险废物不得超过一年；确需延长期限的，应当报经颁发许可证的生态环境主管部门批准；法律、行政法规另有规定的除外。”因此，危险废物经营单位应对进厂的危险废物及时处置，如果个别废物贮存超过一年，应于到期之前向发证机关提交书面报告，具体报告模板可见发证机关网站。

三、环境保护图形标志标签管理

（一）危险废物贮存场所标志管理

涉及与危险废物相关的场所，无论是贮存、处置或利用场所，均应按照《环境保护图形标志——固体废物贮存（处置）场》的要求正确使用图形标志，例如图 8-1 所示的警告标志。该标志通常设置在厂房或设施的门口，提示该区域有危险废物。需要强调的是，此标志主要用在场所周边，不能用于危险废物包装物上。

警告标志应设在与之功能相应的醒目处，上面的内容必须保持清晰、完整。当发现外形损坏、颜色污染或有变化、褪色等不符合本标准的情况，应及时修复或更换。企业内部每年应对这类标志至少检查一次。

危险废物贮存设施不仅应正确使用上述标志，还需设置“贮存设施信息牌”和“职业危害告知牌”，其中“贮存设施信息牌”上应列明贮存设施名称、所盛装危险废物类别、危险特性、安全环保注意事项、负责人的姓名和联系方式等信息；“职业危害告知牌”上应列明贮存设施内可能存在的职业危害物质名称、健康危害、理化特性、应急处理措施等内容。

（二）危险废物盛装容器标签管理

危险废物盛装在包装容器内后，为了明确包装物内盛装的危险废物种类、危险特性等信息，需要在包装物上粘贴标签，标签上应使用《危险废物贮存污染控制标准》要求的统一样式标签。当包装物不规则或危险废物散装堆放、不易在包装物上粘贴标签时，需要使用标志牌或悬挂式标签，此时标签的使用需要结合危险废物警告标识，具体样式如图 8-2 所示，应将场所警告标志与标签一并使用。

图 8-1 危险废物贮存、处置场所警告标志

图 8-2 危险废物标志牌

第三节 经验总结

一、标识使用

散装废物堆存时不方便粘贴标签，可以采用立标志牌的方式，用标志牌代替标签。对于标签的粘贴，一个包装容器上不能出现两个及以上数量的标签，在粘贴标签时，一定要将包装物原有旧标签去除。

标签的样式应按照《危险废物贮存污染控制标准》中附录 A 的要求印制和使用，在附录 A 中只举例危险类别为“有毒”的一类标签，而在实际使用中，会接触到腐蚀性、易燃性等不同危险特性的危险废物，因此危险废物经营单位可以参考附录 A 的具体要求，定制不同危险类别的标签样式，参考样例如图 8-3 和图 8-4 所示。

危 险 废 物

主要成分
化学名称

危险情况：□ 易燃 □ 易爆 □ 易腐蚀 □ 易中毒 □ 易渗透皮肤

安全措施：□ 防遗撒 □ 防渗漏 □ 防碰撞 □ 消防沙 □ 灭火器 □ 吸酸棉

危 险 类 别

CORROSIVE 腐蚀性

废物产生单位：

地址：

电话： 联系人：

废物代码： 出厂日期：

图 8-3 具有“腐蚀性”特性的危险废物标签

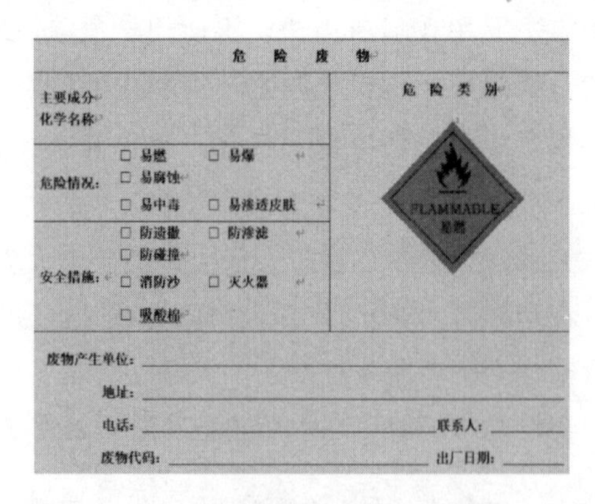

危 险 废 物

主要成分
化学名称

危险情况：□ 易燃 □ 易爆 □ 易腐蚀 □ 易中毒 □ 易渗透皮肤

安全措施：□ 防遗撒 □ 防渗漏 □ 防碰撞 □ 消防沙 □ 灭火器 □ 吸酸棉

危 险 类 别

FLAMMABLE 易燃

废物产生单位：

地址：

电话： 联系人：

废物代码： 出厂日期：

图 8-4 具有“易燃性”特性的危险废物标签

危险废物贮存场所的标识与危险废物危险特性的标识十分相似，都是“带骨头的骷髅头”样式，其中“带有一根骨头”的标识是危险废物贮存场所、处置场所的警示标志（图 8-1），该标识来自《环境保护图形标志——固体废物贮存（处置）场》；“两根交叉骨头”的标识表示危险废物具有毒性特性（图 8-5），作为危险废物贮存包装容器上的警示标签，该标识来自《危险废物贮存污染控制标准》。

图 8-5　危险废物有毒标识

二、包装物管理

（一）小包装物整理

危险废物的包装不同于常规产品有统一规格的包装形式，盛装容器的材质不一、大小不同，因此，在进行这类废物的存放及整理时，可以分门别类进行收纳整理。

来自科研院所、高校的废化学试剂通常都是小包装，针对此类废物，可以采用货架码放的形式分区存放，既整洁又安全。针对有包装容器（例如 200L 桶、IBC 吨箱等）的废物，可以采用货架码放，也可以直接堆高存放。

一些小的、用过的空包装容器不容易存放整齐，即使采用大型货架也难免杂乱，通常可以采用木制或塑料托盘，将小包装容器堆叠在上面，然后使用拉伸缠绕膜将其固定，类似于将这些小容器盛装在一个“膜”包装容器中，这样不易松散、掉落。对于一些 200L 的塑料化工桶及袋装废物、散装抛货等也可以使用托盘和拉伸缠绕膜来进行固定。

（二）包装物使用原则

包装物的选择，一般会直接影响到废物的运输、贮存和上料等环节，因此需要提前与产废企业沟通并确认废物的包装物信息。如有可能，可以由废物处置单位提供专用的废物包装物送至产废企业盛装危险废物。常见的危险废物包装物包括 IBC 吨箱、200L 小开口桶、200L 开口桶、带盖的圆塑料桶、25L 小塑料桶、吨袋等。对于产废数量较大、转移频次较多的产废企业，可考虑定制一批包装物作为该产废企业的专用包装物，并可以在包装物外面使用专门的标签来进行区分。尽量避免同一包装物两次盛装不相容废物，因为即使将使用后的包装物清洗干净，也难免会残留废物，再次使用时容易发生反应，存在安全隐患。

三、存放位置设计

设计废物入库的存放位置时，应考虑生产线的处置能力和需求，避免出现需要出库处置某批废物时，所需废物堆存在不容易出库的位置。

固废法第八十一条明确规定：禁止将危险废物混入非危险废物中贮存。危险废物经营单位接收的废物大部分都是危险废物，但个别情况也会接收非危险废物入厂，因此在存放时一定要按照此规定执行，禁止混存混放。

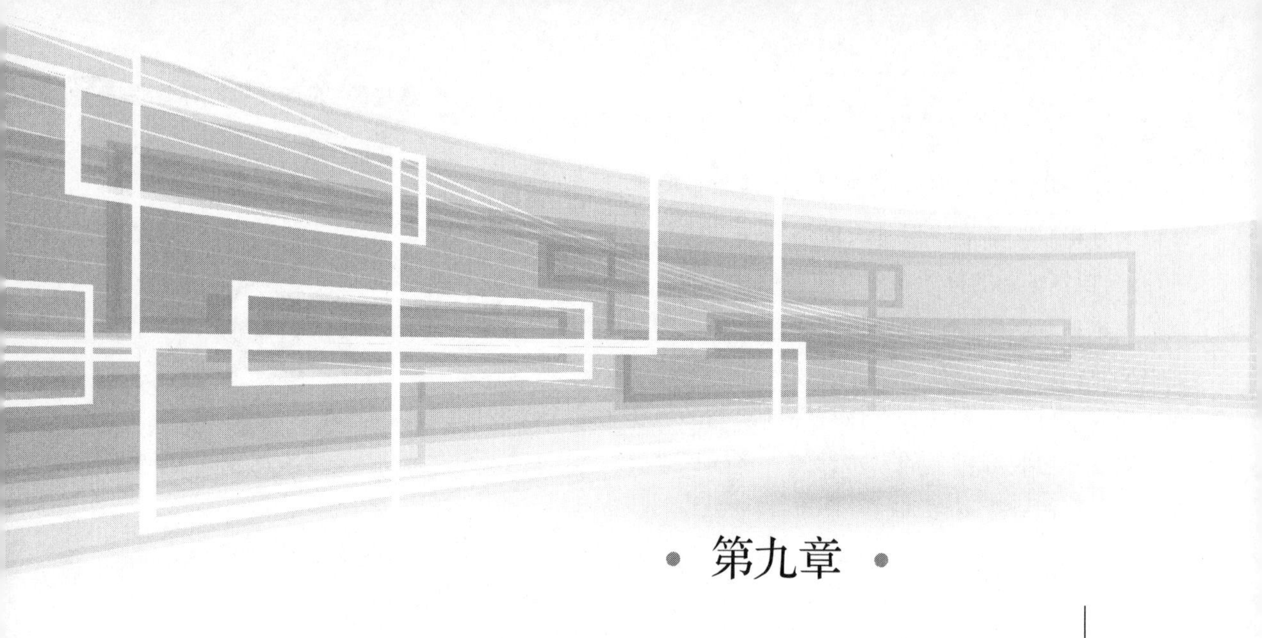

第九章

危险废物项目运营管理案例

下面通过一个案例，简单梳理一下危险废物从鉴别、准入、收集、运输、入厂、检测到处置或利用的全流程操作管理要点。

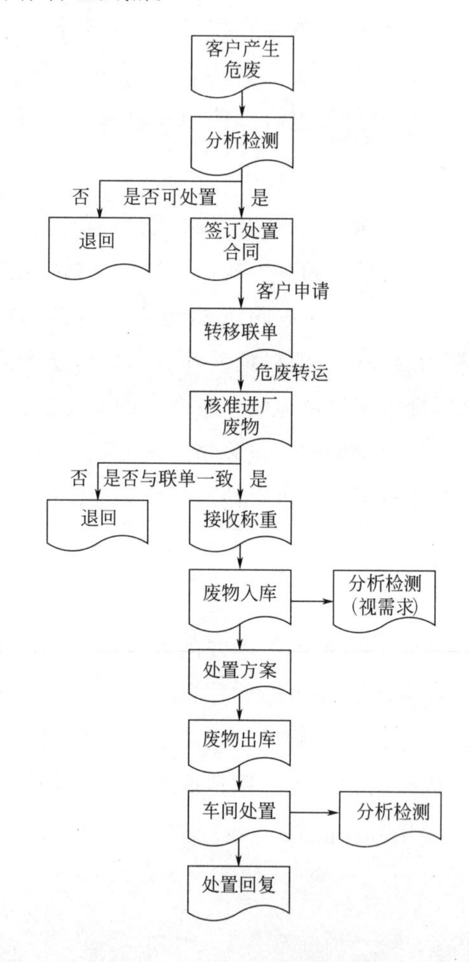

第一节　准入管理

一、危险废物鉴别

产废单位甲产生的废物 A，不确定属于哪种危险废物时，应首先对照《国家危险废物名录》现行版，依照产生行业、危险废物特性描述逐项进行对比。如果废物 A 在名录中，则根据其代码确定危险废物种类；如果其不在名录中，又不排除废物 A 具有五种危险特性中的一种或多种，则有必要找专业第三方检测机构进行危险废物属性鉴别。如果废物 A 确定为危险废物，又在经营单位乙具有的处置资质范围内，则可以继续进行后续相关工作。

二、危险废物分析检测

危险废物经营单位乙应对危险废物 A 进行相关特性分析，针对其可能采取的处置方式，有选择性地确定检测项目。如果采用焚烧的方式处置，则应检测热值、氟、氯、硫、灰分、重金属（GB 18484 中要求的重金属项目）等项目，检测后的结果作为是否能够接收的依据和后续配伍的依据。危险废物 A 的检测分析单需留存。

三、签订处置合同

如果经营单位乙可以接收处置产废单位甲的危险废物 A，经友好协商后，双方签订《危险废物委托处置协议》。根据危险废物 A 的产生周期、产生量，确定后续转运频次。

第二节　收集运输

一、收集准备

确定危险废物 A 的转运频次后，经营单位乙准备相应的包装容器，随车配置相适应的应急处置物资和劳动防护用品。产废单位甲准备危险废物转移联单，与此同时，经营单位乙要确保有足够的贮存空间。

二、运输进厂

经营单位乙组织危险废物 A 运输，在产废单位甲内，要确保盛装危险废物 A 的包装容器贴好带有适宜的危险废物种类标识的危险废物标签，同时标签上的各项信息应清晰完整。运输过程要按照指定路线行驶，随车携带危险废物转移联单。驾驶人员应随身携带押运员证等相应的资质证书。

第三节 入厂管理

一、过磅核查

危险废物 A 进入经营单位乙时，应计量过磅，同时例行进行辐射检测。相关人员进行符合性核查，即核查危险废物转移联单上记录的种类、数量、包装等信息与实际转运的危险废物 A 是否一致，一致则允许危险废物 A 进厂。如果需要进一步检测验证，则接收人员需通知取样人员进行现场取样检测。此时的磅单、检测分析单（如有）均需留存。

二、危险废物入库

根据相容性要求，按照危险废物 A 的危险特性，将其存入指定库房当中，码放整齐。填写完整的危险废物入库单并留存。

三、确定处置方案

根据配伍需求，如果危险废物 A 与其他危险废物混配后进入焚烧处置设施，则应针对待焚烧废物编写处置方案，处置方案应该对操作、安全、环保、应急等多方面提供指导作用。处置方案应留存。

第四节 危险废物处置或利用

一、危险废物出库

根据日常的处置计划和处置方案，危险废物 A 和与其共同混配的其他危险废物出库，填写危险废物出库单并留存。

二、处置过程记录

对危险废物 A 进行焚烧处置，在处置的整个过程中均应进行记录，包括危险废物 A 的破碎记录、上料记录、焚烧工艺过程记录、操作人员的交接班记录等与之相关的各项记录，记录单应留存。

三、处置完毕回复

经营单位乙在对危险废物 A 处置完毕后，给产废单位甲一个书面回复，说明何时、用何处置设施完成了多少量的处置，实现整个处置过程的闭环管理。视产废单位甲的需求，经营单位乙适时将处置完毕回复单提交给产废单位甲。

第四篇

危险废物项目运营辅助管理

本篇将重点介绍危险废物项目运营中的辅助管理，即与危险废物处置间接相关的一些环节，主要包括设备设施管理、从业人员培训管理、安全环保管理、危险废物经营许可证管理、记录簿管理等。辅助管理水平的高低是影响危险废物项目管理成败的重要因素之一。

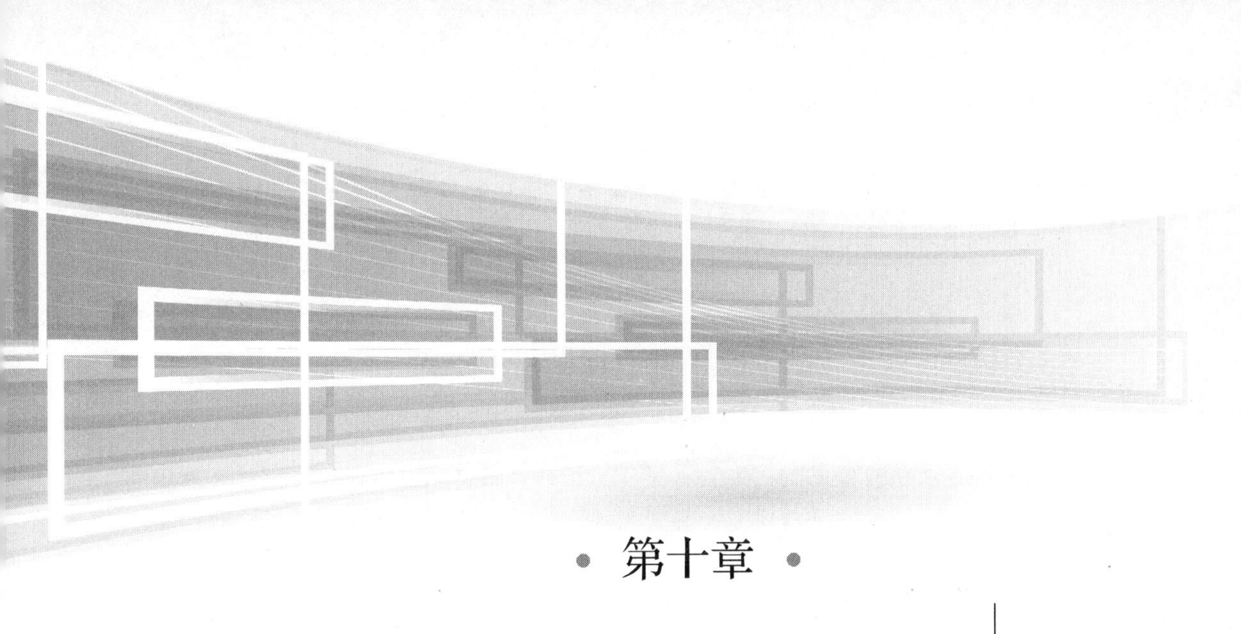

第十章 危险废物处置或利用设备管理

第一节 相关法律法规

相关法律法规包括：

《危险废物经营单位记录和报告经营情况指南》

《中华人民共和国特种设备安全法》

《特种设备安全监察条例》

《特种设备作业人员监督管理办法》

任何一个生产型企业都涉及设备管理，对危险废物经营单位来说，在执行通用的设备管理要求的基础上，还应根据行业特点进行专项管理。

《危险废物经营单位记录和报告经营情况指南》第三章第三部分中“内部检查相关记录”一项中提出：对预防、侦测或应对有关安全和环境事故的重要设施和设备（如监测设备、安全及应急设备、安保设施、操作设备等）进行检查。检查方案应当包括拟检查的问题类型及检查频率。如：对危险废物装卸区等易发生泄漏的区域是否存在泄漏、焚烧炉及附属设备（如泵、阀门、传送设施、管道）是否存在泄漏和无组织排放（可肉眼观察）等每天至少检查一次；对防火通道是否畅通，去污设备是否充足等每周至少检查一次等。因此，在危险废物经营单位内部的设备管理中，设备内部检查是不能缺少的一项工作。

对于危险性较高的危险废物经营单位来说，应该更加关注特种设备作业管理。本章中也对《中华人民共和国特种设备安全法》《特种设备安全监察条例》《特种设备作业人员监督管理办法》中一些常规的、通用的关于设备标准化管理和人员资质管理的内容进行梳理，方便管理人员参考。

第二节 规范化管理

设备管理是指从设备采购、安装、操作、检验、报修到报废，一个完整生命周期的过程化管理，以最大限度满足现场生产处置需求。

一、设备设施运行管理

经营单位应建立危险废物处置或利用相关设备台账，制订设备的内部检查方案。设备包括处置设备、利用设备、在线监测设备、环境监测设备、分析仪器、应急设备、压力容器等。检查方案应包括定期的巡检、不定期的临检、定期的大修、测量设备的校验等。针对定期巡检、定期大修等还应有详细的方案，对每种类型的检查应明确不同生产线安排不同的人员进行巡检。

（一）建立设备台账

危险废物经营单位内部的设备分为生产设备和测量设备。生产设备分为通用设备和特种设备；测量设备按照用途、重要程度一般分为 A、B、C 三类进行管理。

1. 生产设备

通用设备一般包括各种泵、压缩机、空分设备、冷冻设备、鼓风机、风机、抽油机；运输机、运输车辆、包装成型机械、称量设备、金属切削机床、锻压及铸造机械；机器维修设备、电器维修设备、仪表维修设备；破碎机、离心机等其他机械及其配套电机和附属零部件等。针对这些设备，应建立通用设备台账，台账样式参见表 10-1。

特种设备是设备中比较特殊的一个类别，指的是涉及生命安全、危险性较大的锅炉、压力容器（含气瓶等）、压力管道、电梯、起重机械、客运索道、大型游乐设施和场（厂）内专用机动车辆。因其特殊性，特种设备在管理方面较通用设备设施管理更加严格，从购买、安装、使用、改造、维修、检验到报废，各阶段都需要由具备相关资质的机构（单位）完成。

特种设备的台账管理，主要需要关注以下几点，如表 10-2 所示。

2. 测量设备

测量设备作为生产型企业、特别是有产品产出企业必备的设备门类，一般分为 A、B、C 三类。

(1) A 类测量设备管理范围：包括企业最高测量标准器，列入强检的工作测量设备；用于量值传递的企业工作测量设备；用于重要实验的仪器仪表；用于统一量值的标准物质。

(2) B 类测量设备管理范围：包括工艺过程中主要测量仪表；用于质量检测、检修、工艺要求较高的测量设备；用于企业内部能源、物质核算的测量设备。

表 10-1 通用设备台账（样表）

序号	设备编号	出厂编号	设备名称	生产厂家	出厂日期	使用单位	使用地点	规格型号	设备状态	报废（停用）日期	更换日期	备注
1												
2												
3												

表 10-2 特种设备台账（样表）

序号	设备编号	出厂编号	设备名称	生产厂家	出厂日期	使用单位	使用地点	规格型号	安监部门登记日期	检验合格有效期	备注
1											
2											
3											

表 10-3 测量设备台账（样表）

序号	测量设备编号	出厂编号	测量设备名称	生产厂家	出厂日期	使用单位	使用地点	管理类别	规格型号	计量特性	确认间隔时间	器具状态（合格、准用、停用）	检定/校准日期	检定/校准单位	确认/验证日期	确认/验证人员	检定/校准报告	报废（停用）日期	更换日期（首检）	备注
1																				
2																				
3																				

（3）C 类测量设备管理范围：包括工艺过程中除 A、B 类外的所有测量设备，只作为指示用的测量设备；低值易耗的玻璃器具（检验用玻璃器具应采用 A 类管理）；只作定性分析用、对准确度不严格要求的测量设备。

针对上述三种测量设备类型，应该分类建立台账，台账样式可以参考表 10-3。A 类测量设备在使用下表时，所有项目尽量都要填写完整。B 类和 C 类的测量设备台账，可以根据实际情况适当减少一些内容。

（二）运行管理制度

危险废物经营单位内部的设备种类众多，因此，对于不同的设备应建立有针对性的管理制度。例如：与生产相关的设备应建立“设备管理制度”“定期巡检制度”“设备润滑制度”“设备大修管理制度”“设备报修管理制度”等相关内容；对于特种设备应增加“特种设备定期自查制度”“特种设备作业人员管理制度”等；对于与测量相关的设备应增加“测量设备运行维护制度”“检测设备的控制和管理制度”“标准物质的管理制度”等。建立一系列的设备管理制度，有助于企业加强设备管理，保证各种设备处于良好的运行状态。

（三）实施内部检查

企业还应形成设备的内部检查方案，表 10-4 是某企业制订的设备检查方案，检查项目应具体、明确，易于检查人员执行。检查人员要认真填写内部检查记录表，示例见表 10-5。企业可以根据实际情况，增加或减少内部检查频率。

表 10-4 设备检查方案（部分内容）

区域或设备	检查要素和内容	检查频率
1. 安保设施		
监视系统	检查操作是否正常	每天一次
警示标识	检查标识是否存在	每季度一次
主要道路	检查是否有坑、洞，或其他路面损坏	每周一次
……	……	……
2. 环境监测系统		
气象监测系统	检查风向标及风力计记录设备操作是否正常	每周一次
地下水监测系统	检查监测井是否存在被破坏迹象	每月一次
……	……	……
3. 安全及应急设备		
防护设备	检查供应是否充足	每月一次
	检查是否老化、损坏	每月一次
急救设备	检查供应是否充足	每月一次
应急淋浴及洗眼设施	检查是否能正常启动和关闭	每周一次
警报系统	是否能正常操作	每周一次
内部及外部通讯联络系统	是否能正常操作	每天一次

续表

区域或设备	检查要素和内容	检查频率
灭火器	检查封口，确保未被使用过	每月一次
	检查标签，确保每年均由专业部门维护过	每月一次
	检查通向灭火器的通道未被堵塞	每周一次
	……	……
阻燃毯	检查封口，确保没有使用过	每月一次
吸附剂	检查供应是否充分	每周一次
……	……	……
4. 中和设施		
反应罐	检查罐体外部是否有裂缝、漏隙或其他明显的变形	每天一次
	检查罐体厚度及完整性	每年一次
压力或温度仪表等泄漏探测设备	核查压力或温度仪表的数据是否正常	每天一次
贮存容器	检查容器是否老化、漏隙或膨胀	每周一次
	检查是否溢漏	每周一次
装卸区域	检查是否存在物质泄漏	每天一次
	检查地板、排水坑是否有裂缝、缺口等	每天一次
……	……	……
5. 填埋设施		
径流控制系统	检查排水沟的老化和损坏情况	每周一次及每次暴雨和地震后
	检查排水沟集水的排出情况	每周一次及每次暴雨后
渗滤液收集与排出系统	检查排水坑渗滤液情况及渗滤液排出量记录	每周一次
……	……	……
6. 焚烧系统		
进料切断系统	检查工作是否正常	每周或每月一次
……	……	……

表 10-5　内部检查记录表（样表）

部门：　　　　　　　　　　　　　　　　　　年　　月　　日

时间 / 事项	0:00—8:00	8:00—16:00	16:00—24:00
故障症状			
处理过程			
处理结果			
巡检人员（签字）			
备　注			

（四）测量设备计量溯源

危险废物经营单位应设置测量设备溯源管理的归口部门，定期对测量设备进行计量溯源。在《通用计量术语与定义》（JJF 1001—2011）中，给出了计量溯源性的定义，即通过文件规定的不间断的校准链，测量结果与参照对象联系起来的特性，校准链中的每项校准均会引入测量不确定度。

所有A类测量设备须接受法定计量检定机构的周期检定，归口管理部门应将检定周期列表中的所有A类设备，在到期之前的合理时间内进行送检或现场检定。对于企业自行溯源管理的B类或C类测量设备，有能力的企业可以自行校准或标定，否则需要接受法定计量检定机构的检定或校准。企业需要自行进行计量溯源的，需要编制溯源规程，接受最高计量标准或工作计量标准的周期检定。

二、新设备验收及旧设备拆除、报废

设备的设计、制造、安装、使用、检测、维修、改造、拆除和报废，应符合有关法律法规、标准规范的要求。企业应执行生产设备设施到货验收和报废管理制度，应使用质量合格、设计符合要求的生产设备设施。

（一）设备验收管理

危险废物经营单位采购的设备进厂验收时，采购人员应根据采购需求中的数量、规格、型号、包装、标识、状态等一系列参数对设备进行验收，填写设备验收的相关单据。如果采购的设备技术性较强，则需要相关技术人员与采购人员共同完成设备进厂的验收。在验收设备主体的同时，还应确保相关技术资料齐全，包括产品合格证、产品质量书、产品说明书、产品安装图等。有些设备会附带配件，可能包括产品的备品备件、专用工具、其他一些附件等，因此在验收时，这些资料和物品都需要进行查验和登记。最后根据验收情况，双方或多方签字共同确认。

（二）设备报废管理

1. 主要生产设备报废

危险废物经营单位不同于一般生产型企业，需要取得经营许可证才能开展经营活动，经营许可证中已列明所有生产过程的设备设施名称、规格和数量，所有的设备设施是企业环保处置达标的重要保证，因此，不能随意对主要生产设备设施进行拆除或更换。

主要设备有损坏或无法修复需要进行更换时，首先要确认拆除的设备是否属于危险废物。如果是危险废物，则需要按照要求进行处置；如果拆除的生产设备设施不属于危险废物，则要按照企业的设备报废流程进行报废。

由于生产需要，企业计划对现有生产线进行升级改造，需要引入一些新的大型设备设施改变原有主要工艺流程，或要更换危险废物处理过程的核心设备、同时会报废一些原有设备设施时，危险废物经营单位应首先向发证机关报备，得到许可后方可进行改造，否则企业不能擅自进行升级改造。

2. 测量设备报废

在生产线上应用较多的温度表、压力表、液位计、在线监测设施等测量设备，日常使用的一些物理、化学特性检测仪器等分析测量设备，均需要按照要求进行定期的检定或校准，当其不能满足使用要求时，需要进行更换，此时，按照企业备品备件管理流程或固定资产管理流程进行更换或报废即可。

三、设备文件和工作记录管理

设备文件主要包含设备的合格证、说明书、操作规程、维修保养规程等，涉及编制、修改、销毁、归档等工作。“工作记录”主要包含设备台账、使用记录、巡检记录等，涉及记录格式设计、使用、整理、归档等工作。对它们的管理应统一由设备管理相关部门负责。

对于特种设备，使用单位应当建立特种设备安全技术档案。安全技术档案应当包括以下内容：特种设备的设计文件、产品质量合格证明、安装及使用维护保养说明、监督检验证明等相关技术资料和文件，特种设备的定期检验和定期自行检查记录，特种设备的日常使用状况记录，特种设备及其附属仪器仪表的维护保养记录，特种设备的运行故障和事故记录。

一般情况下，各种文件不允许外借，若因工作需要，如提供给顾问公司、政府机关或客户等，应由相关负责人批准后方可外借。

四、特种设备管理

（一）《中华人民共和国特种设备安全法》相关要求

特种设备安全管理人员、检测人员和作业人员应当按照国家有关规定取得相应资格，方可从事相关工作。特种设备安全管理人员、检测人员和作业人员应当严格执行安全技术规范和管理制度，保证特种设备安全。特种设备使用单位应当在特种设备投入使用前或者投入使用后三十日内，向负责特种设备安全监督管理的部门（质量技术监督部门）办理使用登记，取得使用登记证书。登记标志应当置于该特种设备的显著位置。特种设备使用单位应当建立岗位责任、隐患治理、应急救援等安全管理制度，制定操作规程，保证特种设备安全运行。特种设备使用单位应当按照安全技术规范的要求，在检验合格有效期届满前一个月向特种设备检验机构提出定期检验要求。特种设备进行改造、修理，按照规定需要变更使用登记的，应当办理变更登记，方可继续使用。特种设备使用单位应当制定特种设备事故应急专项预案，并定期进行应急演练。锅炉使用单位应当按照安全技术规范的要求进行锅炉水（介）质处理，并接受特种设备检验机构的定期检验。

（二）《特种设备安全监察条例》相关要求

特种设备使用单位应当建立特种设备安全技术档案。安全技术档案应当包括以下内容：特种设备的设计文件、制造单位、产品质量合格证明、使用维护说明等文件以及安装技术文件和资料；特种设备的定期检验和定期自行检查的记录；特种设备的日常使用状况记录；特种设备及其安全附件、安全保护装置、测量调控装置及有关附属仪器仪表的日常维护保养记录；特种设备运行故障和事故记录；高耗能特种设备的能效测试报告、能耗状况记录以及节能改造技术资料。

（三）《特种设备作业人员监督管理办法》相关要求

特种设备生产、使用单位应当聘（雇）用取得特种设备作业人员证的人员从事相关管理和作业工作，并对作业人员进行严格管理。特种设备作业人员应当持证上岗，按章操作，发现隐患及时处置或者报告。用人单位应当对作业人员进行安全教育和培训，保证特种设备作业人员具备必要的特种设备安全作业知识、作业技能和及时进行知识更新。作业人员未能参加用人单位培训的，可以选择专业培训机构进行培训。特种设备作业人员证每4年复审1次。持证人员应当在复审期届满3个月前，向发证部门提出复审申请。复审不合格、逾期未复审的，其特种设备作业人员证予以注销。

第三节 经验总结

一、设立设备管理主管部门

危险废物经营单位的各种处置设备设施、测量设备设施可能分散在不同部门管理，例如，化验设备由实验室管理、主要生产设施由设备部或运营部负责管理、在线监测设备由某部门管理。因此，建议设立设备管理主管部门，该部门负责对各个部门是否按照规范化要求开展相关的设备检查工作进行监督，对事故隐患整改是否落实到位进行监督，同时对内部检查工作的质量进行把关。

二、设备拆除或更换注意事项

如果旧设备的拆除或更换，造成危险废物处置或利用的核心工艺发生改变，那么应将设备拆除及变更的原因、拆除方案、新设备选型依据、安装方案等全部内容以公司发文的方式详细汇报给许可证发证机关，得到对方批复后方能进行拆除或更换。因为原危险废物处置或利用技术是在得到环评批复后，并在危险废物经营许可证的文本中作过备案，因此，危险废物经营单位不能随意对核心工艺进行变更。

三、主要生产设施大修计划编制

危险废物经营单位的各类生产设施在日常运行过程中，通过设备管理人员的定期巡检、设备故障报修等，可以确保其达到正常生产要求。对于大型的生产设备仍需要进行定期的“大体检”，以确保其能够长期、稳定的运行，因此，企业应根据生产设施的工作性质、运转负荷，制订详细的检修计划，并按计划定期实施。表10-6展示的是回转窑焚烧设施的检修计划（节选），危险废物经营单位可以参考类似的形式进行检修计划编制。

表 10-6 设备检修计划（样例节选）

序号	设备名称	设备检修内容及方案	备品备件及辅料	实施部门	维修人员	负责人员	调试情况	完成日期	预计检修时间									
1	回转窑	更换托轮轴承							1	2	3							
		检查更换窑头、窑尾密封							1	2	3							
		检查窑尾护铁、护铁螺栓										1						
		补焊窑内扒钉											1					
		调整托圈垫板、挡板间隙												1				
		……																

表 10-7 事故隐患整改通知书（样表）

检查日期	年 月 日	记录人	
检查部位		检查类别	
检查出的问题和隐患：			
隐患整改要求和意见：			
检查人签字：	年 月 日		
被检查部门负责人签字：			
复查结果：			
复查人：	年 月 日		

四、隐患整改措施落实

危险废物经营单位的内部检查人员在检查时发现事故隐患后，应落实整改时间、整改责任人，填写“事故隐患整改通知书”（表 10-7）一式两份，一份交被检查部门签收，一份由检查部门存查。“事故隐患整改通知书”不仅适用于对设备巡检时发现问题的整改，同样适用于企业内部各种安全、环保检查时的问题整改。

整改责任人接到“事故隐患整改通知书”后，应立即逐项制定整改措施，在规定期限内完成对事故隐患的整改，并将整改情况报告检查部门。因故未能按时完成整改的部门，应将原因、临时措施和整改计划书面报告给检查部门。检查部门要对被检部门的隐患整改情况进行跟踪、复查、验收。

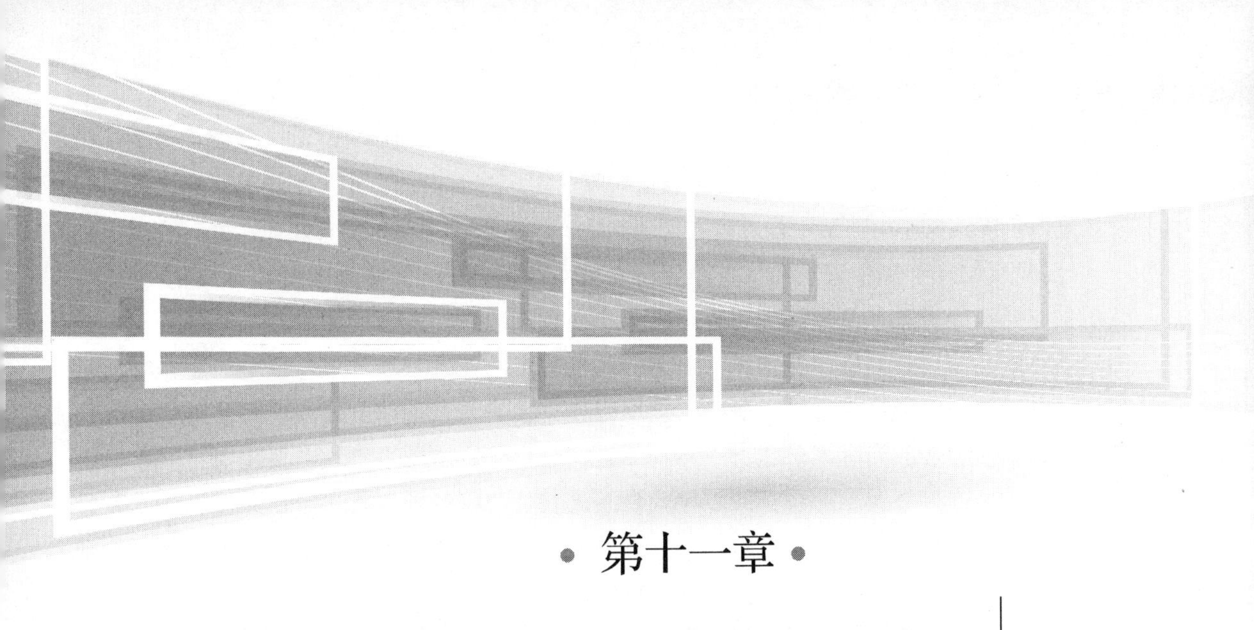

第十一章 危险废物经营单位从业人员培训管理

第一节 相关法律法规

相关法律法规包括：

《危险废物规范化管理指标体系》

《生产经营单位安全培训规定》

《危险废物经营单位记录和报告经营情况指南》

《危险废物规范化管理指标体系》中第九项24条规定的检查内容是“按照培训计划定期对危险废物利用处置的管理人员、操作人员和技术人员进行培训”；达标标准为“制定了培训计划，并开展相关培训。单位负责人、相关管理人员和从事危险物收集、运输、暂存、利用和处置等工作的人员掌握国家相关法律法规、规章和有关规范性文件的规定；熟悉本单位制定的危险废物管理规章制度、工作流程和应急预案等各项要求；掌握危险废物分类收集、运输、暂存、利用和处置的正确方法和操作程序。”

《生产经营单位安全培训规定》中第四条规定：“生产经营单位应当进行安全培训的从业人员包括主要负责人、安全生产管理人员、特种作业人员和其他从业人员。生产经营单位从业人员应当接受安全培训，熟悉有关安全生产规章制度和安全操作规程，具备必要的安全生产知识，掌握本岗位的安全操作技能，增强预防事故、控制职业危害和应急处理的能力。未经安全生产培训合格的从业人员，不得上岗作业。”

结合上述要求，危险废物经营单位应当对本单位工作人员进行培训，应编制培训计划，明确培训对象、培训内容和培训学时。年初应根据经营需求编制年度培训计划，被培训人员包括企业的管理层和基层员工，培训内容应包括学习现行有效的危险废物相关法律法规、专业技术知识以及企业内部的工作流程和管理制度，培训后应进行培训有效性评价。

《危险废物经营单位记录和报告经营情况指南》中对于人员培训的要求："危险废物经营单位应当清晰描述涉及危险废物管理的每个岗位的职责，并依此制订各个岗位从业人员的培训计划。培训计划应当包括针对该岗位的危险废物管理程序和应急预案的实施等，可分为课堂培训和现场操作培训。应急培训应当使得受训人员能够有效地应对紧急状态。受训人员通过培训，应当掌握熟悉：应急程序、应急设备、应急系统，包括使用、检查、修理和更换设施内应急及监测设备的程序；自动进料切断系统的主要参数；通讯联络或警报系统；火灾或爆炸的应对；地表水污染事件的应对等。有关培训应当予以记录，受训人应当签字。培训后需进行考核的，应记录考核成绩。"

相对于前述《危险废物规范化管理指标体系》中的培训要求，该指南对培训的要求更有针对性、更加具体，并且更强调对实际操作的培训。一般企业培训常用的方式是讲师集中授课，受训人员集中听理论课，笔试验证培训效果。而指南里则进一步强调"现场操作"和"应急培训"，明确要求现场操作人员能够掌握"如何做，做什么"，增强培训的参与感。通过实际操作的培训，一方面可以提高现场操作人员的实操水平，另一方面可以提高对环境风险的应对能力。对于此类培训，可能没有讲师的授课课件留存，但需要通过照片、影像资料等，以及讲师对学员学习效果的评价来作为培训有效实施的证明。

第二节 规范化管理

一、人员培训管理

培训类型根据分类标准的不同而不同：按照培训对象分类，可分为主要负责人培训、管理人员培训、技术人员培训、操作人员培训等；按照培训内容分类，可分为基础知识培训、专业知识培训、操作技能培训、价值观及企业文化培训；按照培训时间分类，可分为岗前培训、在职培训、脱产培训；按照培训地点分类，可分为内部培训和外部培训。

下面根据不同培训对象进行分类介绍。对于危险废物经营单位人员的培训并无专门的培训学时要求，以下涉及到培训学时的内容，均来自《生产经营单位安全培训规定》中的相关内容，培训组织者可以参考使用。

1. 主要负责人培训

主要负责人是指危险废物经营单位管理决策层的重要人物，如企业中的正、副总经理，他们是企业的管理中枢和经营决策的核心。对主要负责人培训的内容主要包括：知识和安全意识、经营技能、领导技能。对已经接受过培训的主要负责人，应定期进行再培训，主要内容包括有关危险废物管理的法律法规、规章、标准和政策；危险废物管理的新技术、新知识；危险废物项目管理经验等。危险废物产生、收集、运输、暂存、利用和处置单位的主要负责人初次培训时长不少于48小时，每年再培训时长不少于16小时。

2. 安全生产管理人员培训

安全生产管理人员对企业生产过程中的各项安全工作进行管理，专业性强、风险性高。对安全生产管理人员培训的基础内容包括：有关危险废物管理的法律法规、规章、标准和政策；危险废物管理的新技术、新知识等。对安全生产管理人员的重点培训内容应包括：国家安全生产方针、政策和有关安全生产的法律法规、规章及标准；安全生产管理、安全生产技术、职业卫生等知识；伤亡事故统计、报告及职业危害的调查处理方法；应急管理、应急预案编制以及应急处置的内容和要求；国内外先进的安全生产管理经验；典型事故和应急救援案例分析等。安全生产管理人员初次培训时长不少于 48 小时；每年再培训时长不少于 16 小时。

3. 特种作业人员培训

特种作业是指容易发生人员伤亡事故，对操作者本人、他人的生命健康及周围设备、设施的安全可能造成重大伤害的作业。直接从事特种作业的从业人员称为特种作业人员。危险废物经营单位涉及的特种作业主要包括：电工作业、叉车作业、焊接与热切割作业、高处作业、危险化学品安全作业等。

特种作业人员必须经专门的安全技术培训并考核合格，取得相关证书后，方可上岗作业。特种作业人员的安全技术培训、考核、发证、复审工作实行统一监管、分级实施、教考分离的原则，特种作业人员应当接受与其所从事的特种作业相应的安全技术理论培训和实际操作培训。

特种设备作业人员需要经过特殊培训和考核，但对从业人员的其他安全教育培训、考核工作，同样适用于特种作业人员。除了相关特种作业技能培训外，还应接受企业安排的教育培训，主要内容为本单位制定的危险废物管理规章制度、工作流程和应急预案等。

特种作业人员的非专业知识培训时长不少于 8 小时，主要培训法律法规、标准、事故案例和有关新工艺、新技术、新装备等知识。

4. 其他从业人员培训

其他从业人员是指除主要负责人、管理人员以外，企业内从事生产经营的其他所有人员(包括临时聘用人员)。对其培训的内容主要包括：危险废物危险特性；危险废物的分类和包装标识；企业内部各处置线的工艺流程；处理泄露和其他事故的应急操作；设备的日常和定期维护；设备运行故障的检查和排除；针对具体岗位的安全操作规程、作业流程等。针对受训人员的岗位特点，培训内容应有所侧重。对专业技术人员和操作人员的培训目标应着眼于提高他们的整体素质，即从专业知识、业务技能与工作态度三个方面进行。

二、培训活动组织与实施

（一）培训计划制订

任何一个企业都需要开展培训工作，以保证企业员工胜任本职岗位、提升企业员工的业务能力、确保从事特殊岗位的人员作业安全等，对于危险废物经营单位来说也不例外。从人力资源规划来说，企业通常需要提前制定下一年度的培训计划，培训计划的主要内容可参考表 11-1。制订计划时，需注意以下几点：①培训计划表中应包括涉及企业付费的员

表 11-1 培训计划表（样表）

序号	培训名称	培训对象	培训形式	考核方式	培训时间	培训预算/元	计划课时/小时	培训人数	讲师来源
1									
2									

表 11-2 培训签到表（样表）

培训组织部门			培训时间	
培训教师			培训地点	
培训目的				
培训主要内容				
培训人员名单（签名）	姓　名	部　门	姓　名	部　门

表 11-3 培训评价表（样表）

培训项目名称：		培训讲师：	培训时间：
评估标准 评估项目	最低分特征	1～5 分，表示最差——最好	最高分特征
1. 参加本次培训，您的收获程度	什么收获都没有	(1)(2)(3)(4)(5)	收获很大，超出预期目标
2. 课程准备的充分程度授课讲师	准备不充分，对课程不熟悉，不系统，杂乱无章	(1)(2)(3)(4)(5)	准备非常充分，对课程相当熟悉，具有系统性，条理清晰
3. 授课讲师仪表及精神面貌	精神萎靡，对参加培训学员产生负面影响	(1)(2)(3)(4)(5)	仪表得体，精神面貌尚佳，能积极影响参加培训学员
4. 对课程内容满意程度	全无针对性，与培训主题无关，对课程内容满意度低	(1)(2)(3)(4)(5)	紧扣培训主题，对课程内容满意度高
5. 授课讲师的表达能力	口齿不清，语言交流有障碍，无辅助性身体语言	(1)(2)(3)(4)(5)	口齿清晰，语言流利，辅助身体语言丰富且有感染力
6. 授课精彩程度	课程内容讲授不精彩，缺乏培训技巧，没有吸引力	(1)(2)(3)(4)(5)	讲述非常精彩，培训技巧高，具有很强的吸引力
7. 讲师授课互动效果	授课中极少出现互动环节	(1)(2)(3)(4)(5)	授课中积极与学员进行互动
8. 您对培训课程的接受程度	不能够理解课程内容，仍需继续培训	(1)(2)(3)(4)(5)	很有收获，对课程清楚明了，很大程度上满足了培训需求
9. 本次培训对实际工作的指导作用	对实际工作无指导作用	(1)(2)(3)(4)(5)	对实际工作非常有帮助
10. 总体评价	授课讲师准备不充分，课堂沉闷且课程内容很难理解，培训效果差	(1)(2)(3)(4)(5)	授课讲师准备充分，授课精彩，易于接受，培训效果好

工外出培训或外聘讲师到企业做的培训。②从危险废物经营单位的特殊管理要求来说，计划表中的培训名称应体现具体的培训课程内容，例如，应包括国家相关法律法规、企业内部工作流程和规章制度、危险废物处置技术知识、安全防护知识、应急预案演练内容等。③专业性的培训还应包括运输、收集、贮存、处置、分析、安全、环保管理等内容，使相应岗位从业人员能够得到本职岗位工作技能上的提升。

（二）培训工作实施

培训的实施分为企业员工外出培训和内部培训，内部培训又分为内部讲师和外聘讲师的培训。针对外出培训，员工在参加完培训后，如有培训结业考试，则应将成绩单交企业存档；如培训后没有考试，则员工应编写培训总结，报企业人力资源部备案，以确保培训的有效性。针对企业内部培训，人力资源部应提前发出通知，确保受训人员能在规定时间参加培训；在培训时，应填写培训签到表，表格样式可参考表 11-2；培训结束后，对培训讲师的培训成果进行评价，对于外部讲师来说，可以作为是否再次聘请其进行培训的依据，对于内部讲师来说，可以督促其提高业务水平。培训评价表可参考表 11-3。

（三）培训效果评价

培训效果的评价是运用科学的理论、方法和程序，从结果中收集数据，并将其与整个企业的需求和目标联系起来，以确定培训项目的优势、价值和质量的过程。培训效果的评价，可以是每一位受训者的单独评价，也可以采用集中评价的方式，具体采用哪种方式，应视培训内容而定。由于培训效果的滞后性以及员工个体的差异性，要客观、科学地评估培训效果并不容易，因此，效果评估是整个培训体系中较难的一个环节。企业应因地制宜地采取适当的评价方式，包括书面测试、口头交流、案例分析等。培训效果评价不是形式上的要求，而是验证培训实施有效性的一个重要手段，企业应充分重视此项工作。

（四）培训资料存档

一次有效的培训，应有一套相应的文件资料。如果是企业内部培训，整个培训工作实施完成后，人力资源部应将培训通知、培训课件内容、培训影像资料、培训签到表、人员培训效果评价表等文件进行存档，如有笔试的考试试卷也应一并存档。如果是员工外出培训，整个培训工作完成后，人力资源部应将培训需求审批文件、受训者考核成绩或评价单、受训者培训总结等相关资料存档。

第三节 经验总结

一、培训主管部门职责

培训主管部门应根据年度培训计划，按时督促并跟进培训工作的实施，同时每次培训完成后，培训主管部门均应将培训签到表、培训课件、培训评价表等文件留存备查，根据实际情况可以在培训过程中拍照或录像。例如，由企业技术部门组织了某次技术培训，并派出讲师进行培训，培训过程中企业培训主管部门并没有参与，待培训结束后，所有培训材料也是由技术部门收集整理，并未移交给培训主管部门。类似这样的培训活动中，培训主管部门的“主管”职责缺失，当各级环保部门对企业的培训工作进行检查时，培训主管部门的资料也不完整，因此，在培训工作实施的过程中，主管培训工作的部门必须全程组织、督促、参与，确保企业的培训工作符合相关要求。

二、培训计划制订

企业的内部培训计划通常是由人力资源部门组织，各部门提出培训需求，最终汇总成企业的年度培训计划。由于人力资源部门对具体的业务内容、技术内容掌握不全面，特别是对国家环保部门的具体要求不是十分清楚，因此，企业的安全环保部门或其他相关部门应该对年度培训计划中的培训内容进行把关，保证培训内容全面，实现受训人员全覆盖，并且要符合《危险废物规范化管理体系》和《危险废物经营单位记录和报告经营情况指南》等的相关要求。

值得一提的是，根据《危险废物规范化管理体系》的要求，培训内容还应涉及企业内部工作流程、规章制度，因此，在制订培训计划时，不要忽视对企业内部制定的一些工作流程及规章制度的学习。

三、培训效果提升

根据危险废物经营单位业务发展需要，重点岗位人员可以选择社会培训机构组织的关于人员岗位能力提升的培训，企业应大力支持并提供必要的学习条件。为了督促外出学习人员提高学习效率，当其外出培训结业后，需要对所学知识进行总结提炼。首先，形成书面总结报告，报企业培训主管部门存档；其次，针对受训人员的能力水平，有选择性地安排其对所学内容进行梳理，然后对企业内部相关岗位人员进行培训，或者组织分享交流会等。

四、特种作业证书管理

危险废物经营单位内部涉及各种特种作业岗位，因此上岗人员必须持有相关的职业资格证书。培训主管部门应将特种作业人员持证情况进行汇总，关注并督促相关人员保持证书的有效性。例如，叉车驾驶员、锅炉操作工、起重机操作工、锅炉水化验工、电工、电焊工、有限空间作业人员、特种设备安全管理人员等均需取得相关职业资格证书。

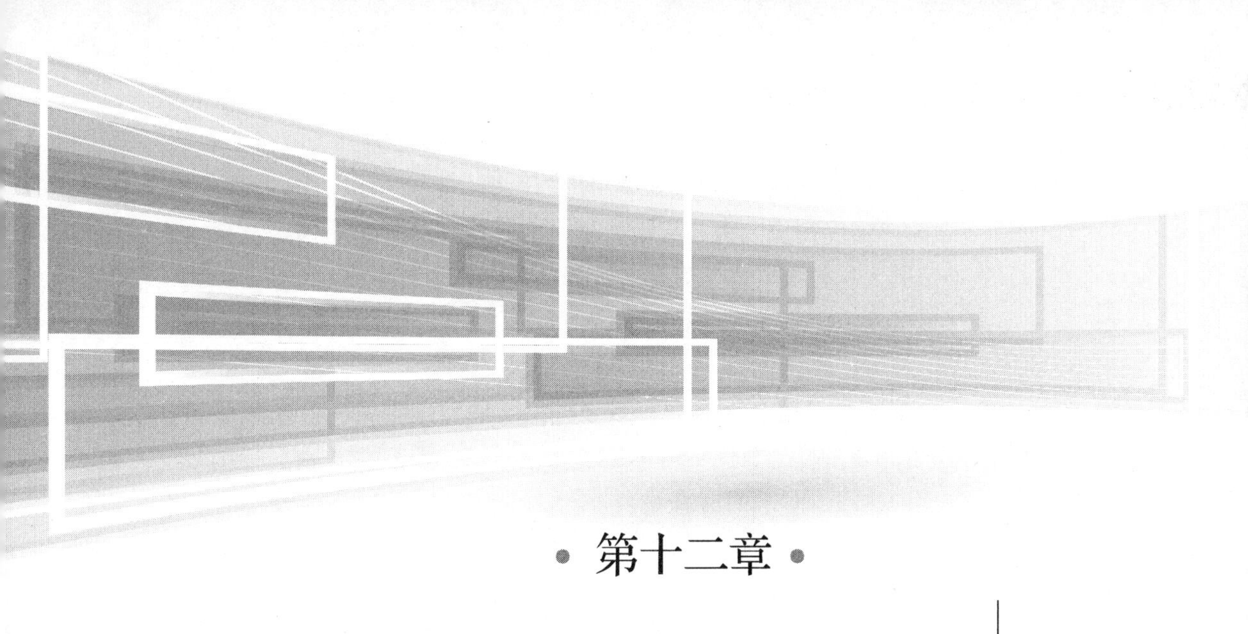

第十二章 危险废物经营单位安全管理

第一节 相关法律法规

相关法律法规包括：

《中华人民共和国安全生产法》

《生产经营单位生产安全事故应急预案编制导则》（GB/T 296310—2013）

《危险废物经营单位编制应急预案指南》

《企业事业单位突发环境事件应急预案备案管理办法（试行）》

《中华人民共和国职业病防治法》

《中华人民共和国安全生产法》中“第二十一条 矿山、金属冶炼、建筑施工、道路运输单位和危险物品的生产、经营、储存单位，应当设置安全生产管理机构或者配备专职安全生产管理人员。前款规定以外的其他生产经营单位，从业人员超过一百人的，应当设置安全生产管理机构或者配备专职安全生产管理人员；从业人员在一百人以下的，应当配备专职或者兼职的安全生产管理人员。”危险废物经营单位属于危险物品的生产、经营、储存单位，无论企业人员是否超过一百人，均应设置安全生产管理机构或者配备专职安全生产管理人员。企业内安全管理部门对企业潜在的安全风险点进行常规检查，分为专项安全检查和定期安全检查，对检查过程形成记录，如发现问题则需要整改，整改后一定要复查。

《生产经营单位生产安全事故应急预案编制导则》自 2013 年从行业标准上升为国家标准。本标准规定了生产经营单位编制生产安全事故应急预案的编制程序、体系构成和综合应急预案、专项应急预案、现场处置方案的组成以及附件。

《危险废物经营单位编制应急预案指南》更具有针对性，其中明确了危险废物经营单位在应急预案的编制及执行上，应该做什么、如何做。在本指南中，对应急预案的基本框架、应急预案保证措施、应急预案编制步骤、应急预案的文本格式等13个方面作出了详细的要求。

企业的应急预案需要到相关部门进行备案，那么如何进行备案，应该注意什么，在《企业事业单位突发环境事件应急预案备案管理办法（试行）》中作出明确的规定，包括备案的准备、备案的实施、备案的监督等。

按照《中华人民共和国职业病防治法》，为了预防、控制和消除职业病危害，防治职业病，危险废物经营单位应根据本法要求，完善作业环境，做好作业人员的职业健康防护。

第二节 规范化管理

一、安全生产实施

（一）安全生产基本保障

1. 安全生产条件

危险废物经营单位应当具备相关法律法规和国家标准或者行业标准规定的安全生产条件，不具备安全生产条件的，不得从事生产经营活动。企业应当按照规定提取和使用安全生产费用，专门用于改善安全生产条件，安全生产费用在成本中据实列支。

2. 安全生产责任制

危险废物经营单位应落实安全生产责任制，其中应当明确各岗位的安全责任人员、安全责任范围和安全考核标准等内容，其主要负责人和安全生产管理人员必须具备与本单位所从事的生产经营活动相应的安全生产知识和管理能力，其中企业必须具有注册安全工程师。危险物品的生产、经营、储存单位以及矿山、金属冶炼、建筑施工、道路运输单位的主要负责人和安全生产管理人员，应当由负有安全生产监督管理职责的主管部门对其安全生产知识和管理能力进行考核。

3. 安全事故排查制度

危险废物经营单位应当建立健全生产安全事故隐患排查治理制度，采取技术、管理措施，及时发现并消除事故隐患。事故隐患排查治理情况应当如实记录，并向同行业人员通报。

4. 安全教育和培训

企业应当对从业人员进行安全生产教育和培训，保证从业人员具备必要的安全生产知识，熟悉有关的安全生产规章制度和安全操作规程，掌握本岗位的安全操作技能，了解事故应急处理措施，知悉自身在安全生产方面的权利和义务。未经安全生产教育和培训合格的从业人员，不得上岗作业。企业如果使用劳务派遣人员，应当将劳务派遣人员纳入本单位从业人员管理，对劳务派遣人员进行岗位安全操作规程和安全操作技能的教育和培训，同时劳务派遣单位应当对劳务派遣人员进行必要的安全生产教育和培训。

（二）安全检查

危险废物经营单位的安全生产管理人员应当根据本单位的生产经营特点，对单位的安全生产状况进行经常性检查。对检查中发现的安全问题，应当立即处理；不能处理的，应当及时报告本单位有关负责人，有关负责人应当及时处理。检查及处理情况应当如实记录在案。安全生产管理人员在检查中发现重大事故隐患，向本单位有关负责人报告，有关负责人不及时处理的，安全生产管理人员可以向主管的负有安全生产监督管理职责的部门报告。安全检查不仅包括对处置设备设施的检查，还包括对作业现场的“三违”现象、作业环境的有序整洁、重点部位的安全警示标志、人员的安全防护等进行检查，检查分为定期检查和不定期巡检。生产经营单位应根据实际情况编写安全检查表，表格应包含检查时间、检查项目、发现问题和整改措施。检查出来的问题整改后应进行复查，以确保不留隐患。

二、应急管理

制定事故应急预案是贯彻落实“安全第一、预防为主、综合治理”方针，提高应对风险和防范事故的能力，保证职工安全健康和公众生命安全，最大限度地减少财产损失、环境损害和社会影响的重要措施。

（一）生产安全事故应急预案的编写

1. 编写原则

《生产经营单位生产安全事故应急预案编制导则》规定了生产经营单位编制生产安全事故应急预案的编制程序、体系构成和综合应急预案、专项应急预案、现场处置方案以及附件。编制应急预案必须以客观的态度，在全面调查的基础上，以各相关方共同参与的方式，开展科学分析和论证，按照科学的编制程序，扎实开展应急预案编制工作，使应急预案中的内容符合客观情况，为应急预案的落实和有效实施奠定基础。

2. 编写程序

生产经营单位应急预案编制程序包括成立应急预案编制工作组、资料收集、风险评估、应急能力评估、编制应急预案和应急预案评审 6 个步骤。

3. 预案体系

生产经营单位的应急预案体系主要由综合应急预案、专项应急预案和现场处置方案构成。生产经营单位应根据本单位组织管理体系、生产规模、危险源的性质以及可能发生的事故类型确定应急预案体系，并可根据本单位的实际情况，确定是否编制专项应急预案。

4. 预案内容

综合应急预案、专项应急预案和现场处置方案的主要内容各不相同，在《生产经营单位生产安全事故应急预案编制导则》中给出了明确的格式和具体内容，企业可以结合经营情况，参考该标准进行编写。

（二）生产安全事故应急预案的演练

应急预案演练是应急管理的重要环节，在应急管理工作中具有十分重要的作用。通过开展应急预案演练，可以评估应急准备状态，发现并及时修改应急预案、执行程序等相关工作的缺陷和不足；评估突发公共事件应急能力，识别资源需求，澄清相关机构、组织和人员的职责，改善不同机构、组织和人员之间的协调问题；检验应急响应人员对应急预案、执行程序的了解程度和实际操作技能，评估应急培训效果，分析培训需求。同时，作为一种培训手段，通过调整演练难度，可以进一步提高应急响应人员的业务素质和能力；促进公众、媒体对应急预案的理解，争取他们对应急工作的支持。应急预案演练按照组织方式及目标重点的不同，可以分为桌面演练和实战等。

（三）危险废物经营单位应急预案的管理

在上述通用的生产安全事故应急预案编写、演练的各项要求基础上，危险废物经营单位应根据《危险废物经营单位编制应急预案指南》编制企业内部的综合应急预案，包括生产安全事故和突发环境事件相关的应急预案内容。

1. 危险废物经营单位应急预案的编制

根据《危险废物经营单位编制应急预案指南》的要求，应急预案应包括：应急预案简介、单位基本情况及周围环境综述、启动应急预案的情形、应急组织机构、应急响应程序（事故发现及报警）、应急响应程序（事故控制）、应急响应程序（后续事项）、人员安全救护、应急装备、应急预防和保障措施、事故报告、事故的新闻发布、应急预案实施及生效时间、附件。危险废物经营单位可参考该指南，将本单位应急预案中的各项内容编写完整。

2. 危险废物经营单位应急预案的演练

危险废物经营单位应结合企业的实际情况，定期组织应急预案的演练。在演练之前，企业应编制应急预案演练的方案，同时应将所需劳动防护用品、必要的演练工具准备妥当，严格按照方案的要求开展演练。演练的整个过程可以采用录像、拍照的方式全程记录，还要重视对演练情况的总结，以检验应急预案的实用性和可操作性，同时锻炼队伍，完善各项物资的准备。

3. 危险废物经营单位应急预案的修订

《企业事业单位突发环境事件应急预案备案管理办法（试行）》第 12 条规定：企业结合环境应急预案实施情况，至少每三年对环境应急预案进行一次回顾性评估。有下列情形之一的，应及时修订：

（1）面临的环境风险发生重大变化，需要重新进行环境风险评估的；

（2）应急管理组织指挥体系与职责发生重大变化的；

（3）环境应急监测预警及报告机制、应对流程和措施、应急保障措施发生重大变化的；

（4）重要应急资源发生重大变化的；

（5）在突发事件实际应对和应急预案演练中发现问题，需要对环境应急预案作出重大调整的；

（6）其他需要修订的情况。

对环境应急预案进行重大修订的，修订工作参照环境应急预案制定步骤进行。对环境应急预案个别内容进行调整的，修订工作可适当简化。

危险废物经营单位编制的应急预案应在危险废物经营单位所在地县级以上地方人民政府环境保护行政主管部门备案。

三、劳动防护

（一）总体要求

《中华人民共和国职业病防治法》“第二十二条 用人单位必须采用有效的职业病防护设施，并为劳动者提供个人使用的职业病防护用品。用人单位为劳动者个人提供的职业病防护用品必须符合防治职业病的要求；不符合要求的，不得使用。”“第二十五条 对可能发生急性职业损伤的有毒、有害工作场所，用人单位应当设置报警装置，配置现场急救用品、冲洗设备、应急撤离通道和必要的泄险区。对职业病防护设备、应急救援设施和个人使用的职业病防护用品，用人单位应当进行经常性的维护、检修，定期检测其性能和效果，确保其处于正常状态，不得擅自拆除或者停止使用。”

根据相关法律法规，劳动防护用品是由危险废物经营单位为从业人员配备，使其在劳动过程中免遭或者减轻事故伤害及职业危害的个人防护装备。使用劳动防护用品，是保障从业人员人身安全与健康的重要措施，也是危险废物经营单位安全和职业健康日常管理的重要工作内容。

（二）特种劳动防护用品

特种劳动防护用品共分为6大类。

（1）头部护具类：安全帽。

（2）呼吸护具类：防尘口罩、过滤式防毒面具、自给式空气呼吸器、长管面具。

（3）眼（面）护具类：焊接眼面防护具、防冲击眼护具。

（4）防护服类：阻燃防护服、防酸工作服、防静电工作服。

（5）防护鞋类：保护足趾安全鞋、防静电鞋、导电鞋、防刺穿鞋、胶面防砸安全靴、电绝缘鞋、耐酸碱皮鞋、耐酸碱胶靴、耐酸碱塑料模压靴。

（6）防坠落护具类：安全带、安全网、密目式安全立网。

危险废物经营单位应用最多的为安全帽、过滤式防毒面具、防酸工作服、胶面防砸安全靴、安全带等。

（三）不同作业岗位的防护用品配置

以下各岗位配置的劳动防护用品为一般的、通用的配置，生产经营单位可以根据各岗位的实际工作内容，有针对性地选配，不要配置过度也不要配置不足，确保岗位人员的职业健康安全即可；各岗位配置的劳动防护用品应有针对性地根据不同作业情况使用，有些是日常使用的，例如安全帽、劳保鞋等；有些则是应急情况使用的，例如全身全封闭式防化服等；生产经营单位除针对各岗位特点配置劳动防护用品外，还应结合本单位的安全和职业健康管理特点，配置应急情况的劳动防护装备，例如自给式空气呼吸器等。

（1）岗位通用的劳保用品：普通工作服（春、夏、秋），普通工作棉服（北方地区可以配备），普通防护鞋，安全帽，雨鞋，雨衣，头层皮劳保手套，护目镜，低保养型防护半面具等。

（2）中控、焚烧操作室岗位：防护全面具，隔热手套，一次性防护服，耐酸碱防护服，耐酸碱手套（长、短），耐磨耐刺穿抗化学品手套，全身全封闭式防化服，耐热高温防护服，一次性耐酸碱手套等。

（3）水处理、资源化岗位：防护全面具，耐磨耐刺穿抗化学品手套，防酸碱工作雨鞋，耐酸碱工作服，耐酸碱手套（长、短），一次性耐酸碱手套等。

（4）固化、填埋、巡检岗位：防护全面具，耐磨耐刺穿抗化学品手套，高效粉尘滤棉，耐酸碱工作服，耐酸碱手套（长、短），一次性耐酸碱手套等。

（5）其他岗位：企业可以根据各岗位的特点，选择配置不同功能、不同型号的劳动防护用品，例如，废油处置岗位可以另外配置耐油（防污、防静电）工作服、耐油雨鞋、耐油手套（长、短）等。

（四）劳动防护用品的检查和更换

为便于管理，生产经营单位可以制作劳动防护用品检查表，参考样式见表 12-1，确保各类设施和用品符合使用要求，安全有效。

表 12-1 劳动防护用品检查表（样表）

检查时间：　　　　　　　　　　　　　　　　　　　　检查人：

序号	物资名称	是否损坏	是否在有效期	是否需要更换	其他特殊说明

对劳动防护用品应定期更换，确保起到防护作用。对于劳动防护用品的更换周期，生产经营单位可以制定一个通用的管理办法。针对特殊情况，劳动防护用品的申请和更换可以走特殊流程。

四、职业健康

（一）总体要求

危险废物经营单位是作业场所职业危害预防控制的责任主体，应依据国家法律法规及标准的规定开展职业病危害防治工作，危险废物经营单位的主要负责人对本单位作业场所的职业危害防治工作全面负责。企业应建立、健全职业病防治责任制，加强对职业病防治的管理，提高职业病防治水平。企业应健全组织机构和规章制度建设，做好前期预防管理、劳动过程中的管理，做好职业病的诊断与职业病病人保障。企业必须依法参加工伤社会保险，应当保障职业病防治所需的资金投入，不得挤占、挪用，并对因资金投入不足导致的后果承担责任。

按照《中华人民共和国职业病防治法》要求，企业应当严格遵守国家职业卫生标准，落实职业病预防措施，从源头上控制和消除职业病危害。企业应提供符合职业卫生要求的工作场所，工作场所应满足如下条件：职业病危害因素的强度或者浓度符合国家职业卫生标准；有与职业病危害防护相适应的设施；生产布局合理，符合有害与无害作业分开的原则；有配套的更衣间、洗浴间、孕妇休息间等卫生设施；设备、工具、用具等设施符合保护劳动者生理、心理健康的要求；对可能发生急性职业损伤的有毒、有害工作场所，企业应当设置报警装置，配置现场急救用品、冲洗设备、应急撤离通道和必要的泄险区。

（二）日常管理

危险废物经营单位应当派专人负责职业病危害因素日常监测，并确保监测系统处于正常运行状态。

危险废物经营单位购买可能产生职业病危害的化学品、放射性同位素和含有放射性物质的材料时，应向供应商索要中文说明书，说明书应当载明产品特性、主要成分、存在的有害因素、可能产生的危害后果、安全使用注意事项、职业病防护以及应急救治措施等内容。产品包装应当有醒目的警示标识和中文警示说明。

对从事、接触职业病危害作业的岗位人员，危险废物经营单位应当按照国务院卫生行政部门的规定组织上岗前、在岗期间和离岗时的职业健康检查，并将检查结果书面告知岗位人员。单位应当为员工建立职业健康监护档案，并按照规定的期限妥善保存档案。职业健康监护档案应当包括员工的职业史、职业病危害接触史、职业健康检查结果和职业病诊疗文件等有关个人职业健康的相关资料。如果员工离开危险废物经营单位时，有权索取本人职业健康监护档案复印件，单位应当如实、无偿提供，并在所提供的复印件上签章。危险废物经营单位使用劳务派遣人员的，不得将产生职业病危害的作业转移给不具备职业病防护条件的劳务派遣人员；如果必须承担此类工作，则应给其提供必要的培训、劳动防护和符合职业健康要求的作业场所等，否则不具备职业病防护条件的单位和个人不得接受产生职业病危害的作业。同时，危险废物经营单位应督促劳务派遣单位履行符合职业健康法律要求的相关责任和义务。

第三节 经验总结

一、安全管理

（一）日常安全管理

1. 安全标志

危险废物经营单位内部应统一购买、使用交通、安全防护和职业健康等相关安全标志。对这些安全标志进行经常性检查，有损坏或褪色的，应及时更换。企业内部主要生产车间、危险废物贮存库房等地，应张贴安全标识、标语等，一方面起到安全提示的作用，另一方面通过可视化的宣传标语，使员工能够时刻保持安全意识。

2. 货物出门单

货车在驶出危险废物经营单位厂区时，应使用货物出门单等单据。出门单中应体现车辆所载货物名称、货物数量、运往地点等信息，同时应有承运部门和安全管理部门相关负责人的签字。使用货物出门单的目的在于，当车辆驶出厂区时，门卫可以通过出门单上的详细信息，进一步判断随车出厂的物品是否与单据相符，或是车内是否有不能出厂的物品。

3. 运输车辆检查

如果危险废物经营单位自有危险废物运输车辆，应加强对司机和押运人员的教育，教育内容不仅包括驾驶安全，还应包括车辆运输过程中发生意外环境事故和安全事故的应急处置。机动车驾驶员应对机动车做到“三查”，即出车前检查、行车途中检查和收车后检查，确保每次行车安全，不留安全隐患。企业还应该按照相关部门对车辆管理的要求，对运输车辆进行定期检查，以确保驾驶安全。

（二）安全培训

按照《中华人民共和国安全生产法》的要求，每年危险废物经营单位都应开展安全培训，全员都要参加，特别要注意主要负责人、安全管理人员的培训学时要符合要求，因此，企业在编制年度培训计划时，应关注安全相关培训计划的制订工作。

培训过程中，不仅要对人员进行理论知识培训，更应注重对实际操作的培训。在实际操作的培训中，单位往往只关注与生产相关的实际操作，而忽视对安全防护设施使用的相关操作培训。例如，危险废物经营单位大多配置自给式呼吸器，但是却容易忽视对自给式呼吸器使用方法的培训，甚至有些单位的安全管理人员都不会使用这种呼吸器，因此要重视安全防护装备、设施正确使用的相关培训。

（三）安全检查

安全检查不仅是对生产现场、作业环境进行检查，同样需要对劳动防护用品、消防设施进行检查。例如，要重视安全帽的检查。安全帽的产品类型不同、使用的材质不同，其强制报废期限也不同，应关注安全帽主体内侧“永久标识”上的信息，合理有效使用。此外，要做到对各级别单位均需开展定期的安全检查，包括班组级、部门级、公司级，检查材料要留存。

（四）外包方管理

危险废物经营单位在做好自身安全管理的同时，还应加强对外包方的管理。如果企业内部有外包方作业时，应在外包方入厂前，收集外包单位的资质证书、安全生产责任制文件、EHS 构架及协议、专职安全管理人员名单、应急预案、承包商承诺书、入厂人员名单、身份信息审查、应急联系电话、特种作业操作证书、入厂员工的劳动合同及其各种保险等内容。上述内容是外包方入厂的前提条件，企业将外包方的上述资料存档后，在其入厂后对其进行内部安全培训，将企业内部存在的各种安全风险如实告知，加强安全管理。

二、应急预案管理

（一）应急预案的编写

企业的应急预案文本可以由危险废物经营单位自行组织人员编写，也可以委托第三方进行编写。生态环境部对企事业单位突发环境事件应急预案的备案有明确的要求，备案时应提供突发环境事件应急预案、环境应急预案及编制说明、环境风险评估报告、环境应急资源调查报告、环境应急预案评审意见等文件。如果企业自行编制，较难达到生态环境部的各项要求，可委托专业的第三方机构负责编制应急预案。

危险废物经营单位可能会使用到特种设备，例如，回转窑焚烧系统会使用余热锅炉，锅炉属于特种设备。《中华人民共和国特种设备安全法》中明确要求，应同时编制特种设备事故应急专项预案，并定期进行应急演练，因此，危险废物经营单位在编制应急预案时，不要忽视对特种设备的安全管理。

（二）应急预案的演练

企业应当每年至少组织一次综合应急预案演练或专项应急预案演练，每半年至少组织一次现场处置方案演练，各种不同种类、不同专业的应急预案演练不可互相替代。演练时，既可以是企业内部组织相关人员共同参与，也可以与社会机构、相邻企业联合组织演练。多机构、全方位的联合演练，一方面可以增强演练的真实性，提高应急队伍的应急能力；另一方面可以减少事故发生时公共资源的占用，降低财产损失和环境风险。

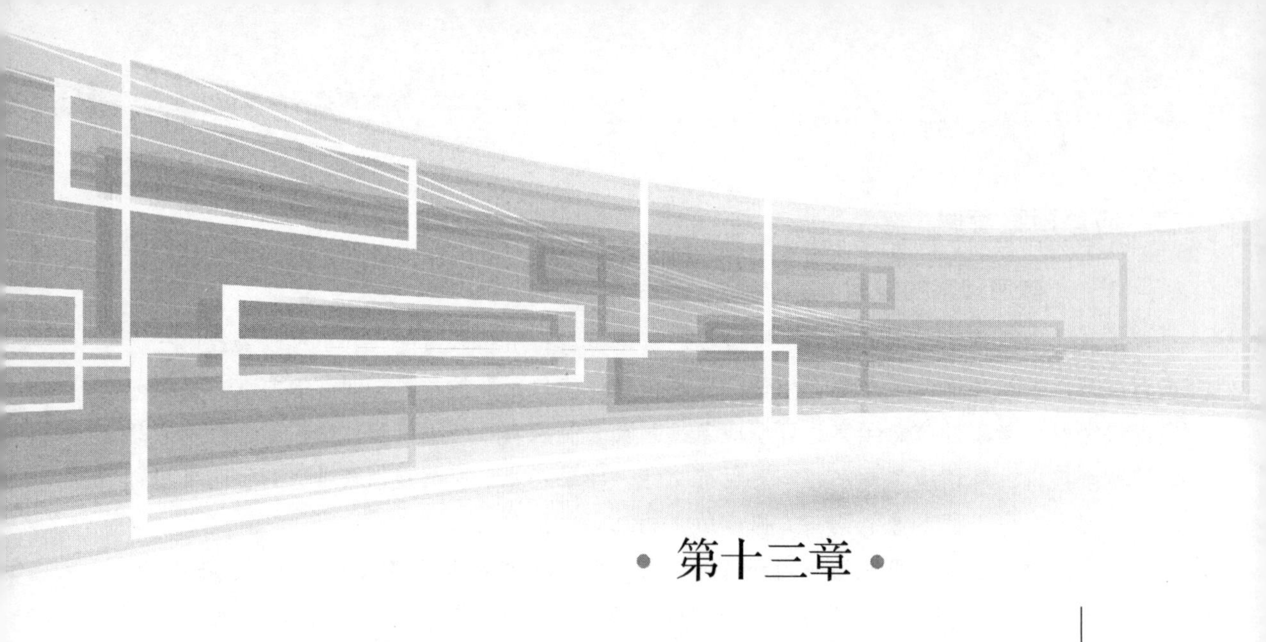

第十三章 危险废物经营单位环保管理

第一节 相关法律法规

相关法律法规包括：

《中华人民共和国环境保护法》

《中华人民共和国固体废物污染环境防治法》

《污染源自动监控管理办法》

《危险废物经营许可证管理办法》

《危险废物经营单位记录和报告经营情况指南》

《危险废物产生单位管理计划制定指南》

《排污许可管理办法（试行）》

《排污单位环境管理台账及排污许可证执行报告技术规范 总则（试行）》

《中华人民共和国环境保护法》中“第五章信息公开和公众参与”要求，在危险废物经营项目建设阶段，环评报告编制过程中，强调公众参与；到了项目运营阶段，则应公开主要污染物的排放情况，接受社会的监督，执行信息公开。信息公开的主要数据来源分别是自动监控设备（或在线监测设备）和手动监测设备，而《污染源自动监控管理办法》则是对信息公开中的自动监控设备的建设、运行、维护和管理提出基本的要求。

《危险废物经营许可证管理办法》中详细列出企业申请许可证的必备条件、申领许可证的程序、环保部门对已取得许可证单位的监督管理等内容。该管理办法是持证单位日常管理必须关注的重要法律法规之一。

《危险废物经营单位记录和报告经营情况指南》是非常实用的一个管理指南，它从危险废物全过程管理的角度出发，详细提出经营单位应关注的记录表单、重点工作过程的相关要求，给出了经营单位日常管理的整体框架，供经营单位参考并执行。

执行危险废物管理计划是落实危险废物申报登记制度的有效手段，危险废物经营单位在处置或利用危险废物时，一般都会再次产生危险废物，因此危险废物经营单位应该按时上报危险废物管理计划。《危险废物产生单位管理计划制定指南》中详细给出了危险废物管理计划的模板表格和填表说明，以及一些台账记录样式。

按照《排污许可管理办法（试行）》，危险废物经营单位均需取得排污许可证。在本办法中明确了排污许可证本身包含的内容，许可证的申请与核发流程和所需资料，排污许可的实施与监督要求，排污许可证的变更、延续、撤销流程和所需资料，将排污许可证的申请与管理过程细化。在本办法中提出了“环境管理台账”和“执行报告”，而在《排污单位环境管理台账及排污许可证执行报告技术规范 总则（试行）》中，则明确了环境管理台账的记录要求和排污许可证执行报告编制要求，并附相关台账和报告的模板，具有较强的实用性。

第二节　规范化管理

危险废物经营单位环保管理，是指运用企业管理的思维模式辅以环境监测等技术手段，在工艺控制、环保监察、信息公开等方面开展工作，保证企业环保工作合法合规。环保管理主要包括危险废物经营许可证管理、环境监测、工艺排查、环保监察、信息公开、排污许可等工作。另外，结合环保法和固废法的要求，环保管理还应包括危险废物管理计划、突发事件的报告、经营活动情况报告等。

一、危险废物经营许可证管理

固废法中第八十条规定：“从事收集、贮存、利用、处置危险废物经营活动的单位，应当按照国家有关规定申请取得许可证。许可证的具体管理办法由国务院制定。禁止无许可证或者未按照许可证规定从事危险废物收集、贮存、利用、处置的经营活动。禁止将危险废物提供或者委托给无许可证的单位或者其他生产经营者从事收集、贮存、利用、处置活动。”因此，危险废物经营单位应取得危险废物经营许可证，如经营单位新产生的危险废物不能自行处置时，应将其交与有经营资质的单位处置。

危险废物经营单位应严格按照《危险废物经营许可证管理办法》的要求进行危险废物经营许可证的申请、变更、重新申领、到期换证工作。

（一）申请

危险废物经营单位按照管理办法的要求，首先应具备申请许可证的条件，再准备申请许可证的相关资料，通过资料审核和现场审核后取得危险废物经营许可证。申请材料中的各种模板文件可在当地环保部门网站下载。

危险废物收集、贮存、处置综合经营许可证与申请危险废物收集经营许可证的申请条件有一定的差别，下面详细说明。

1. 申请领取危险废物收集、贮存、处置综合经营许可证的条件

(1) 有3名以上环境工程专业或者相关专业中级以上职称，并有3年以上固体废物污染治理经历的技术人员。

【浅析】 根据申请条件的规定，许可证申请单位应有3名以上的环境工程专业或者相关专业中级职称的人员入职于该单位，要提供这3名以上人员的劳动合同、毕业证书、学位证书、职称证书的复印件作为许可证申请材料的附件。具有3年以上固体废物污染治理经历的技术人员的证明文件，通常为技术人员从业经历的文字说明，然后加盖许可证申请单位的公章即可。

(2) 有符合国务院交通主管部门有关危险货物运输安全要求的运输工具。

【浅析】 符合相关要求的运输工具是指许可证申请单位可以自行申请并取得有关危险货物运输的资质来承运待收集、贮存、处置的危险废物，也可委托有危险货物运输资质的第三方单位来承担运输工作。如果申请单位自有运输资质，则需要将运输资质、运输人员从业资格证书复印件作为申请材料的附件；如果委托第三方单位，则需将申请单位与运输单位签订的服务合同、运输单位资质、运输人员从业资格证书复印件作为申请材料的附件。

(3) 有符合国家或者地方环境保护标准和安全要求的包装工具，中转和临时存放设施、设备以及经验收合格的贮存设施、设备。

【浅析】 通常这一条款要求的内容主要由四部分组成，第一部分包括包装容器的图片及文字说明，一般将申请项目可能使用到的包装容器种类、数量、用途分别进行说明；第二部分包括中转车辆、转运设备设施的种类、数量，对应的中转和临时存放的危险废物种类，应急设施和消防设施的种类和数量，贮存设施的设计和施工验收材料等内容；第三部分包括贮存设备设施经卫生、消防、环保等部门验收合格的文件，如果是初次申请许可证，可不提供环保部门的验收合格意见；第四部分包括中转和临时存放设施、设备以及贮存设施的名称、贮存能力、数量，贮存危险废物的种类，其他技术参数等内容。如果许可证申请单位所在当地的环保部门有其他要求，还应提供专有的一些信息资料。

(4) 有符合国家或者省、自治区、直辖市危险废物处置设施建设规划，符合国家或者地方环境保护标准和安全要求的处置设施、设备和配套的污染防治设施；其中，医疗废物集中处置设施，还应当符合国家有关医疗废物处置的卫生标准和要求。

【浅析】 这一条主要要求许可证申请单位提供此申请项目符合各级政府要求的批复文

件扫描件作为附件，批复文件包括但不限于下列文件：项目的环评批复文件、安全验收评价意见、项目建设工程质量验收文件及工程竣工验收备案表等，其他的材料应结合待申请的工艺路线、不同防火或安全等级库房的设置提供相应的政府批复文件或专业机构的评价报告。

（5）有与所经营的危险废物类别相适应的处置技术和工艺。

【浅析】 如果申请单位只有一种处置技术或一条生产线处置危险废物，则需要将这种处置技术的工艺流程、预处理过程进行详细介绍，将该工艺的主要预处理和处置设备设施的名称、规格型号、设计能力、数量、其他技术参数等详细列出，对应的能够预处理和处置的危险废物种类、数量、状态和危险特性等也要一并详细列出。如果申请单位有多种处置工艺或多条不同处置技术的生产线，则应分别按照前述的各项内容予以详细说明。

（6）有保证危险废物经营安全的规章制度、污染防治措施和事故应急救援措施。

【浅析】 这一部分主要指一系列规章制度的汇编。通常在本条款文本的编制过程中，应不仅包括条款中提到的经营安全、污染防治和事故应急救援方面的制度和措施，还应包括分析管理、环境监测、设备管理、厂区安全检查、劳动保护等相关的一系列内容。编写的制度和措施应尽可能全面，既能涵盖经营范围内的主要工作内容，同时又能规范日常管理工作。

（7）以填埋方式处置危险废物的，应当依法取得填埋场所的土地使用权。

【浅析】 这一条款是针对建有填埋场的经营单位而言，如果许可证申请单位建有填埋场，则必须在取得国有土地使用证以后，才能申请危险废物经营许可证，这是一个必要的前置条件；如果许可证申请单位不经营填埋场，是采用租赁或其他的方式取得土地的使用权开展危险废物经营活动，那么，只要有相关的土地使用证明文件即可。

2. 申请领取“危险废物收集经营许可证”的条件

（1）有防雨、防渗的运输工具。

【浅析】 这一条款可以结合上述“申请领取危险废物收集、贮存、处置综合经营许可证”中的条件（2）所述，无论是许可证申请单位自有的运输资质或是与第三方运输单位合作，均需将相关资质复印件作为许可证申请材料的附件。

（2）有符合国家或者地方环境保护标准和安全要求的包装工具，中转和临时存放设施、设备。

【浅析】 这一条款可以结合“申请领取危险废物收集、贮存、处置综合经营许可证”中的条件（3）所述，将上述提到的各项材料作为许可证申请材料的附件。

（3）有保证危险废物经营安全的规章制度、污染防治措施和事故应急救援措施。

【浅析】 这一条款可以结合“申请领取危险废物收集、贮存、处置综合经营许可证”中的条件（6）所述，将上述提到的各项材料作为许可证申请材料的附件。

（二）变更

危险废物经营单位变更法人名称、法定代表人和住所的，应当自工商变更登记之日起15个工作日内，向原发证机关申请办理危险废物经营许可证变更手续。需要注意的是，危险废物经营单位住所的变更是指危险废物经营单位的注册地址发生变化时，应当自工商变更登记之日起15个工作日内申请变更；如果危险废物经营单位的处置利用设施需要搬迁到另一地址，则不属于这三种变更的范畴之内。

（三）重新申领

出现以下四种情况的任何一种均需要重新申领危险废物经营许可证：

（1）改变危险废物经营方式的；

（2）增加危险废物类别的；

（3）新建或者改建、扩建原有危险废物经营设施的；

（4）经营危险废物超过原批准年经营规模20%以上的。

【浅析】 情况1中的“经营方式”包括收集、贮存、利用、处置四种。例如：某危险废物经营单位已经取得了收集、贮存、处置经营方式的经营许可证，但由于市场需要，欲新增对某种危险废物利用的生产线，则针对经营方式的变化，该单位需要重新申领包括“利用”经营方式在内的经营许可证。

情况2中“增加危险废物类别”，不仅指新增现行《国家危险废物名录》中HW01～HW50的类别，还包括后面8位数字代码类别发生变化的情况。例如：某危险废物经营单位取得的许可证资质中只包括HW08中的“900-217-08 使用工业齿轮油进行机械设备润滑过程中产生的废润滑油”一小类，现欲增加HW08中的“900-218-08 液压设备维护、更换和拆解过程中产生的废液压油”，则需要重新申领许可证；或者现欲增加HW09类的“900-005-09 水压机维护、更换和拆解过程中产生的油/水、烃/水混合物或乳化液”，同样需要重新申领许可证。

情况4中“原批准年经营规模”指的是，在经营单位的危险废物经营许可证上标明的“核准经营规模”中某设施的处置能力，如果经营单位在实际收集和处置过程中超过此核准数值的20%，就需要重新申领许可证。

（四）到期换证

危险废物综合经营许可证有效期为5年，危险废物收集经营许可证有效期为3年，这是《危险废物经营许可证管理办法》的要求，但是有些省市的管理较为严格，将许可证的有效期限缩短，例如江苏省颁发的综合经营许可证有效期为3年。经营单位应在许可证到期30个工作日前向原发证机关提出换证申请。各省市对换证所需的详细资料的要求不尽相同，可从发证机关的环保部门网站查询。申请领取危险废物经营许可证的程序详见《危险废物经营许可证管理办法》中的第三章第十三条。

我国在2003年发布了《全国危险废物和医疗废物处置设施建设规划》，第一次大规模、集中地规划建设危险废物处置项目，而本管理办法发布于2004年，当时在我国并没有成熟的发放危险废物经营许可证的经验。随着危险废物集中处置项目的增多，在许可证的颁发上也逐渐规范并更具可操作性。现在的危险废物经营项目需先申请1年期限的临时许可证，有些省市的临时许可证有效期为半年。在临时许可证有效期限内，申请单位在项目完成了环保验收后，才能申请正式的经营许可证。

二、环境监测管理

危险废物经营单位开展环境监测工作，主要满足三个方面的要求。

1. 符合危险废物经营许可证上的相关要求

危险废物经营单位环境监测工作的重中之重是要满足危险废物经营许可证的相关要求，这也是对企业环境监测工作的基本要求。环境监测工作中，制订计划是基础，组织协调是重点，报告审核需仔细。企业需按照许可证附件的要求，明确监测点位、监测项目、监测频次，并制订全年的监测计划，按计划组织实施。每一次完成监测任务，需将地下水、有组织废气、无组织废气、噪声、残渣等各项监测报告进行审核、汇总、分析，形成总结报告后，将其报送发证机关。

2. 满足信息公开要求

根据环保法要求，危险废物经营单位需对环境信息进行公开。在手动进行信息公开时，需要进行环境监测，此工作与危险废物经营许可证中要求的环境监测内容既可以统一，也应有所区别。“统一”是指信息公开的项目如果与许可证要求的监测项目相同，则可以采用同一份监测报告进行公开；“区别”是指危险废物经营单位应根据自身情况，在公开主要污染物的同时，还要按照各地环境主管部门的要求公开需要公开的污染物，不能只根据许可证上的要求确定环境监测项目。信息公开的方式有两种，一种为危险废物经营单位内部采用电子显示屏或其他方式直观地将监测数据向社会进行公开，无论是厂内的员工还是厂外的群众都可以看见污染物排放情况；另一种方式为网站公开，即做到在线监测数据实时上传、手动监测数据定期上传、排放异常及监测超标等情况的说明适时上传，通过网站可以查询到这些信息。

3. 满足日常工作要求

经营单位具备相应的环境监测方面的技术人才及监测设备，也方便企业进行环保管理。例如，在危险废物经营单位运营过程中，可能会出现处置过程中工况不稳定、处置过程存在个别排放超标的现象。如果问题出现在某些连续性的生产环节，却又无法通过停止生产来进行超标原因的排查，此时就需要对该工艺过程运行情况进行环境监测，在此监测过程中，根据需要及时出具监测数据，以便进行下一步工艺处置或超标处理。

三、工艺排查

工艺排查是危险废物经营单位内部对环境问题进行检查和处理的一个非常有效的管理手段。

经营单位内部的环保管理人员应定期进行各项环保检查，在检查的过程中需要重点关注跑、冒、滴、漏等现象，针对这些问题，向相关责任部门提出限期整改要求，并根据要求跟踪检查，以确保整改效果符合相关法律法规的要求。

当通过上级环保监察或内部环境监测发现某些严重的环境问题时，经营单位需要进行详细的工艺排查。例如，发现企业内部地下水监测井当中的某水质指标超标，则需要开展一系列的工艺排查，以找到导致超标的原因和解决的办法。针对此类工艺的排查工作，应设计一套详细的排查方案，有时需要花较多的时间和人力来进行排查，甚至可能还会暂时停产或借助外部力量共同解决，以确保查明超标原因，解决超标问题。通常这项工作方案制定难度大，排查代价大，有些企业为了保生产往往忽略或不重视这项工作。

四、环保监察

环保监察是各级环保部门，包括生态环境部、区域环保督察组、省市环保部门、区县环保部门等对危险废物经营单位的常规和临时性的检查。检查内容包括企业各项资料文件、处置现场情况、污染物排放情况等。

1. 文件档案检查

文件档案检查是环境保护主管部门进行环保监察时采用的最主要形式，一般分为定期报送、节假日重点检查、不定期抽查等形式。定期报送的文件，通常包括环境监测情况总结，月度危险废物收集、处置和库存情况，月度危险废物经营设施运行情况，年度危险废物经营情况总结，危险废物管理计划等各专项报告。节假日重点检查的内容主要为处置、贮存现场的环保问题，文件检查则一般为与现场环保管理相关的一系列记录和文件，例如处置现场的环保设施使用记录等、贮存现场的风机启停记录和危险废物出入库台账等。不定期的抽查内容则比较随机，一般视检查人员的专业背景，有侧重点地进行检查。

2. 生产现场检查

现场检查是各级环境保护主管部门对危险废物经营单位进行环境问题排查的一个重要手段。通过前往危险废物处置现场查看，结合企业上报的环境文件档案和查阅现场的文件资料，与现场环境进行核实比对，在核实比对过程中，检查单位确认文件档案内容的真实性，并判定企业现场情况是否符合相关法律法规的要求。因此，危险废物经营单位应按照《危险废物规范化管理指标体系》等规定，时刻做好企业的环境问题自查工作，保证企业现场环境干净整洁，无跑、冒、滴、漏现象，确保企业生产合法合规。

3. 取样监测

监督监测也是各级环境保护主管部门的一项例行工作，往往这项工作都是由各级环境保护主管部门委托给具有相应资质的第三方监测机构或环保部门自己的监测站来完成。通常的环保监督监测工作分为固定时间监督监测和临时监督监测。固定时间监督监测一般与企业内部的环境监测频率相同。例如：某企业主要的排污设施是焚烧处置系统，焚烧烟气的环境监测频率一般为一季度一次手动监测，则监督监测的频率一般也为一个季度一次。临时监督监测则完全没有时间规律、监测项目规律和监测点位规律，完全随机地进行监督监测，视当地环保部门的情况而定。例如：针对综合性的危险废物处置中心，固定的采样监测可能会包括焚烧烟气排放监测、中水水质监测、焚烧残渣监测等，而临时监测可能会包括无组织排放的监测等。

五、信息公开

环保法第五章第五十五条规定，重点排污单位应当如实向社会公开其主要污染物的名称、排放方式、排放浓度和总量、超标排放情况，以及防治污染设施的建设和运行情况，接受社会监督。《污染源自动监控管理办法》是结合环保法的这一要求，针对重点污染源自动监控系统的监督管理而出台的一个管理办法，各地结合此监控管理办法制定了更加细化的管理办法，例如北京市发布的《北京市固定污染源自动监控管理办法》。落实到经营单位层面，还要编制某企业信息公开实施方案，从而实现从上到下的闭环管理。

（一）信息公开实施方案的编制

信息公开是危险废物经营单位必须开展的一项例行工作，因此公开的内容、公开的时间、公开的渠道等一系列内容需要企业在信息公开实施方案中体现，并按照其实施。通常企业所在当地的环境保护主管部门会明确信息公开实施方案的提纲，企业按照提纲要求，逐一完善即可。以北京市为例，北京市的信息公开实施方案提纲包括如下内容：

（1）企业基本情况。包括企业基础信息，监测点位示意图（通常在厂区平面图上标注监测点位置、名称、编号及经纬度，并附排放口设置的监测点位照片）。

（2）监测内容及公开时限。包括废气和环境空气监测，废水和水环境监测，噪声监测等类别。通常待公开的监测内容及公开时限等项目采用表格的形式呈现，一般包括类别、监测方式、监测点位、监测项目、监测承单方、监测频次和公开时限。

（3）监测评价标准。包括废气和环境空气评价标准，废水和水环境评价标准，噪声评价标准等。通常具体采用表格的形式呈现，一般包括类别、监测点位、监测项目、排放标准限值、评价标准。

（4）监测方法及监测质量控制。包括自动监测，手动监测，监测信息保存三方面。首先，应明确自动监测数据准确的证明和依据；其次，企业自己承担手动监测的仪器、人员、环境等条件的符合性证明，或委托专业第三方进行手动监测；最后，企业应明确监测信息待保存文件的范围和保存时限，并符合相关法律法规的要求。

企业应严格按照提纲的要求编制企业自己的实施方案，特别是监测的项目不能有落项，不过也没有必要公开提纲中未提及的项目。

（二）信息公开网站的建设

企业主要的信息公开方式为采用网站公开和采用 LED 显示屏进行公开。采用网站进行公开时，则需要对网站进行建设，以保证能够将公开的数据及时上传。在信息公开实施方案得到环保部门的批准后，企业便开始实施信息公开工作，因此网站的建设应在方案批准前具备信息公开的功能。企业在网站公开的内容一部分为工作人员手动输入的检测数据、分析报告、异常情况说明等，另一部分是将企业在线监测的数据实时上传，企业应有专人负责这一部分功能的实现，以确保在线监测数据上传及时、准确。有企业曾出现过在线监测数据正常而信息公开网站上的数据异常的情况，这些可能是网络技术问题造成的，因此企业在日常管理中出现此类问题时，应及时联系网站运维单位进行解决，以减少公众对企业的误解。

（三）信息公开的内容

信息公开的内容包括在线监测数据和手动监测数据。例如：某企业焚烧系统的烟气排放污染物各项指标，其中二氧化硫、氮氧化物、氯化氢、粉尘等数据能够实现在线监测，则这些数据是通过信息公开网站，实时上传；烟气中的重金属砷、汞、铅、铬等污染物排放指标是一个季度手动监测一次，则每个季度需要将监测报告扫描后上传至信息公开网站；该企业的无组织排放为一年手动监测一次，则每年需要将监测报告扫描后上传至信息公开网站。可见，信息公开的数据是在线监测数据和手动监测数据的结合。

手动监测的报告通常由具有资质的第三方检测机构出具，因此企业只需将合同和第三方的资质留存备查即可。在线监测则不然，要确保在线监测数据真实准确，企业应确保在线监测设施设计安装的各项资质文件、资料齐全，企业需制定运维制度并按其执行，对在线监测设施进行日常巡检、定期标定、定期比对监测、定期维护保养，并保存相应的检查记录。

（四）信息公开异常处理

信息公开系统在运行过程中会出现数据异常，导致异常的主要原因包括在线监测设施故障、处置设施故障、电脑死机、环境异常等。在出现异常导致数据不能正常公开时，企业应该尽快恢复信息的正常公开并及时编写情况说明，并将说明材料加盖公章后上报上级环境主管部门，同时，情况说明的扫描件应在企业网站上未监测原因一栏中进行公开。

六、排污许可

《排污许可管理办法（试行）》中“第四条 排污单位应当依法持有排污许可证，并按照排污许可证的规定排放污染物。应当取得排污许可证而未取得的，不得排放污染物。”“第三十七条 排污单位应当按照排污许可证规定的关于执行报告的内容和频次等要求，编制排污许可证执行报告。排污许可证执行报告包括年度执行报告、季度执行报告和月执行报告。”“第四十三条 在排污许可证有效期内，与排污单位有关的事项发生变化的，排污单位应当在规定时间内向核发环保部门提出变更排污许可证的申请。”可见，所有的危险废物经营单位均需取得排污许可证，并按照许可证上要求的污染物种类和污染物数量排放，具体的排放情况还应该按照年度、季度、月度进行汇报。在排污许可的执行过程中，强调过程监管，本办法还规定了各项排污监测台账的内容和保存时限。

1. 书面执行报告

排污单位应当每年在全国排污许可证管理信息平台上填报、提交排污许可证年度执行报告并公开，同时向核发许可证的环保部门提交通过全国排污许可证管理信息平台印制的书面执行报告。书面执行报告应当由法定代表人或者主要负责人签字或者盖章。

（1）季度执行报告和月度执行报告至少应当包括以下内容：

① 根据自行监测结果说明污染物实际排放浓度和排放量及达标判定分析；

② 排污单位超标排放或者污染防治设施异常情况的说明。

（2）年度执行报告可以替代当季度或者当月的执行报告，并增加以下内容：

① 排污单位基本生产信息；

② 污染防治设施运行情况；

③ 自行监测执行情况；

④ 环境管理台账记录执行情况；

⑤ 信息公开情况；

⑥ 排污单位内部环境管理体系建设与运行情况；

⑦ 其他排污许可证规定的内容执行情况等。

2. 环保台账

排污单位应当按照排污许可证中关于台账记录的要求，根据生产特点和污染物排放特点，按照排污口或者无组织排放源进行记录。台账分为纸质台账和电子台账。纸质台账应存放于保护袋、卷夹或保护盒等存储介质中，由专人签字、定点保存，应采取防光、防热、防潮、防细菌及防污染等措施；如有破损应随时修补，并留存备查；保存时间原则上不低于 3 年。电子台账应存放于电子存储介质中，并进行数据备份，可在排污许可管理信息平台填报并保存，由专人定期维护管理，保存时间原则上不低于 3 年。

台账记录内容主要包括基本信息、生产设施运行管理信息、污染治理设施运行管理信息、监测记录信息及其他环境管理信息等。

（1）基本信息。包括排污单位基本信息、生产设施基本信息、污染治理设施基本信息。

（2）生产设施运行管理信息。

① 正常工况：运行状态、生产负荷、产品产量、原辅料及燃料等。

② 非正常工况：设施名称、编号、非正常工况起止时间、产品产量、原辅料及燃料消耗量、事件原因、是否报告等。

（3）污染治理设施运行管理信息。

① 正常情况：运行情况、主要药剂添加情况、DCS 曲线图等。

② 异常情况：污染治理设施名称、编号、异常情况起止时间、污染物排放浓度、排放量、异常原因、是否报告等。

（4）监测记录信息。企业委托第三方检测机构监测或自行监测的环境监测报告，作为台账进行管理。

（5）其他环境管理信息。

① 废气无组织污染治理设施运行管理信息：治理设施名称、运行时间、维护次数、管理人员等；其他日常防治措施包括厂区降尘洒水、清扫频次，原料或产品场地封闭、遮盖方式，日常检查维护频次及情况等。

② 特殊时段环境管理信息：具体管理要求及其执行情况、生产设施运行管理信息和污染治理设施运行管理信息等。

七、其他要求

（一）危险废物管理计划

固废法中“第七十八条 产生危险废物的单位，应当按照国家有关规定制定危险废物管理计划；建立危险废物管理台账，如实记录有关信息，并通过国家危险废物信息管理系统向所在地生态环境主管部门申报危险废物的种类、产生量、流向、贮存、处置等有关资料。前款所称危险废物管理计划应当包括减少危险废物产生量和降低危险废物危害性的措施以及危险废物贮存、利用、处置措施。危险废物管理计划应当报产生危险废物的单位所在地生态环境主管部门备案。产生危险废物的单位已经取得排污许可证的，执行排污许可管理制度的规定。”

危险废物管理计划通常在每年的年初或上一年年底进行编写，同时加盖公章后报上级环境主管部门备案。危险废物管理计划的模板详见原环保部发布的《危险废物产生单位管理计划制定指南》中的附件1。

（二）事故报告

固废法中第八十六条规定：“因发生事故或者其他突发性事件，造成危险废物严重污染环境的单位，应当立即采取有效措施消除或者减轻对环境的污染危害，及时通报可能受到污染危害的单位和居民，并向所在地生态环境主管部门和有关部门报告，接受调查处理。”

《危险废物经营单位记录和报告经营情况指南》中规定：“4.1.1 危险废物经营单位应当根据《固体废物污染环境防治法》《危险废物经营单位应急预案编制指南》（环保总局公告2007年第48号）、危险废物经营许可证或政府有关部门的要求，向政府环保部门及其他有关部门报告危险废物泄漏、火灾、爆炸等事故情况，特别是可能威胁饮用水源，以及威胁危险废物经营单位外环境和人体健康的事故情况。危险废物经营单位一般应当在发生事故后立即以电话或其他形式报告，并在15天内以书面方式报告。事故处理完毕后应及时书面报告处理结果。”因此，企业一旦发生突发事件，应按照上述要求在规定的时间内，向相关部门汇报事故情况。

（三）经营情况年度报告

《危险废物经营单位记录和报告经营情况指南》中规定：“4.2 危险废物经营单位应按环保部门的要求，定期按季度或年度报告危险废物经营活动情况。”经营情况年度报告格式详见该指南附件6，通常每年的3月31日之前上报上一年度经营活动情况。季度报告通常为环境监测报告，上报时间依据当地环境主管部门的要求执行。

第三节 经验总结

一、危险废物经营许可证管理

（一）危险废物经营许可证要求

危险废物经营许可证的内容由四大部分组成，分别是企业的基本信息和处置能力范围、原则性的要求、处置设施的经营类别及规模明细表、环境监测方案，许可证的每一个要求，经营单位都应该严格对照并按其执行。

1. 原则性要求

对于文本中的原则性要求，经营单位应与许可证内容逐一对比，务必确保本企业的实际管理均符合每一条内容的要求，应符合各相关法律法规要求，应遵守各相关规范标准要求等。另外，文本中的原则性要求还会针对经营单位的主要生产线提出具体的处置要求。例如：对于有回转窑焚烧系统的处置单位，会提出焚烧炉进料热值、有毒有害物质含量及进料速率等详细的要求，所以经营单位在日常的管理过程中，应按照许可证中的详细要求进行操作，并留存相关的文字记录。

2. 设施明细要求

对于处置设施的经营类别及规模明细表，经营单位应严格按照批复的各处置系统的处置能力开展收集与处置工作，禁止超规模经营。贮存设施应设置标志牌，标志牌的名称、存储废物类别应与许可证上批复的名称、类别一致。

3. 环境监测要求

经营单位应严格按照许可证上的环境监测方案要求开展环境监测工作，制订详细的监测计划。每一周期的环境监测报告均需报发证机关审核，要注意：监测点位不能少，监测项目不能丢，监测频率不能变。

（二）危险废物经营许可证换证

1. 换证时限

危险废物经营许可证在接近 3 年或 5 年到期时，企业应提前准备相关换证材料。在许可证管理办法中明确规定，经营单位应在许可证到期 30 个工作日前向原发证机关提出换证申请。

2. 换证所需材料

可在发证机关网站查询换证所需材料。以北京市的换证材料为例，通常包括换证申请（企业红头文）、上一经营期的经营情况报告（内容类似于每年的年度经营报告）、环境监测内容（上一个经营期所有的监测报告整理汇总）、人员培训记录（上一个经营期与培训相关的所有文字材料复印件）、下一期的发展规划等。从换证申请材料可以看出，需要提交的内容很多，而且涉及的周期较长。经营单位应把所有待提交的材料准备好，确认材料是否符合发证机关的要求，同时中间要留出材料不符合要求进行修改的时间，才能提交正式的换证申请，因此，经营单位要把握好开始准备换证材料的时间，避免因材料准备不齐或不符合要求而影响取得新证的时间。

二、环境监测管理

按照危险废物经营许可证上的要求开展环境监测工作时，应时刻注意监测数据的保存与比对，可将所有的监测数据录入成电子版，以便保存和查阅。同时，一定不能忽视环境影响评价中的环境监测数据，因为它反映了企业尚未运行时期的历史数据，可作为本底值，是后期环境问题分析的重要依据。企业正常运行后，应对监测数据进行汇总分析，监测污染情况的变化趋势。

许可证上要求的环境监测工作通常是每个季度开展一次，企业在安排监测工作时建议尽量安排在每个季度最初一个月进行，这样可以避免因突发情况而影响本季度监测工作的开展。

三、工艺排查

遇到环境问题需要排查原因时，首先从占用资源少、信息反馈快的方面开始排查，逐步扩大至全面调查，甚至停产，这样的工艺排查方式也可以运用至其他诸如废气、废水等问题的排查，都有较为明显的效果。例如：某地下水监测指标有超标情况，需要进行排查。第一，当检测结果超标时，应立即进行复测，复测一定要保证与之前检测时具有相同的环境条件、仪器条件、人员条件等；第二，当复测结果仍然超标时，应明确取到的地下水是否能够真正反映地下水的情况，是否需要进行洗井操作；第三，如果洗井后取样检测结果仍然超标，则需要排查地下水井附近是否有污水管网经过，是否存在污水泄漏的情况；第四，如果经排查，无污水管网泄漏的情况发生，则应考虑当地地下水流向、周边污染源情况、是否存在被其他污染源污染的情况，或者分析经营单位内部的处置设施情况是否会导致地下水被污染等。如果有必要，则应停产排查，直至问题解决。

四、环保监察

在环保监察部门进入危险废物经营单位进行现场检查时，企业陪同检查人员要做到：第一，做到随时、快捷地查阅各种文件材料，前提是该人员要提前了解企业是否有这些资料，检查人员需要的一些信息在哪些资料里面能够找到；第二，应能熟悉处置现场的全部环境，包括运行设备的名称和作用、各处置线的工艺流程、处置现场各区域的功能划分等；第三，应熟悉危险废物在全厂的流转过程、安全环保管理工作等。

在配合第三方监测机构进行监督性监测时，危险废物经营单位最重要的工作是做好沟通，既要做好与第三方监测机构的沟通，向监测单位提供一些必备的物资条件，保证监测顺利进行，还要做好企业内部的沟通，确保监测过程中各项工艺指标正常稳定，以反映企业最真实的污染物排放情况。

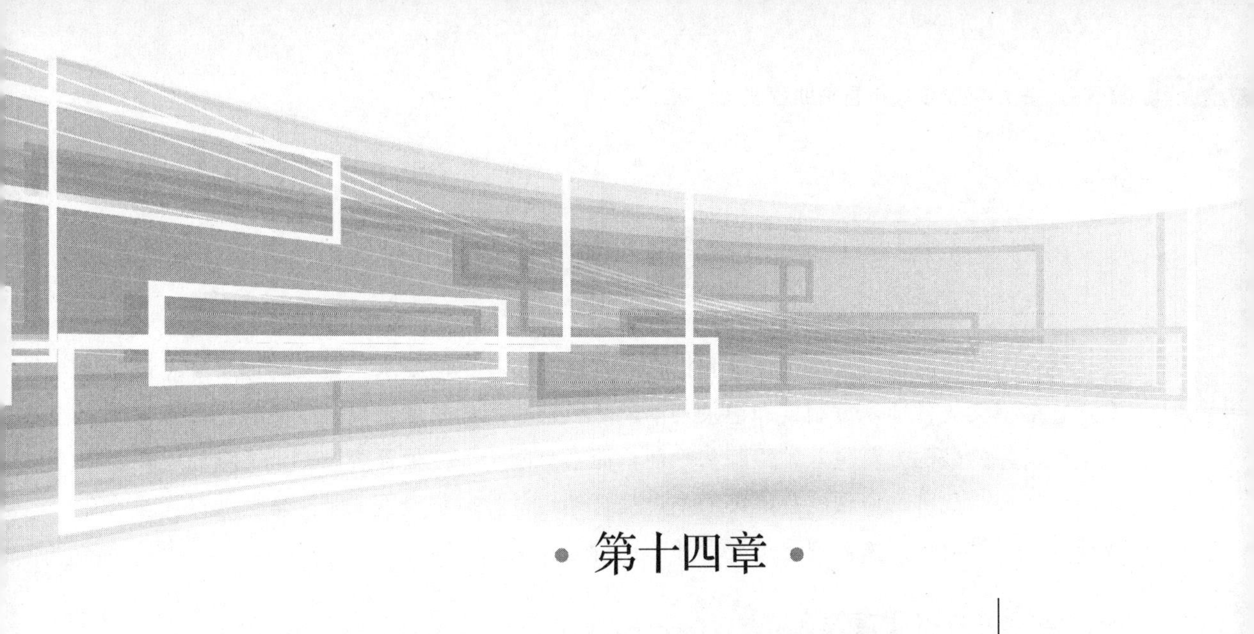

· 第十四章 ·

危险废物经营单位记录簿管理

第一节 相关法律法规

相关法律法规包括：

《危险废物经营许可证管理办法》

《危险废物经营单位记录和报告经营情况指南》

《危险废物经营许可证管理办法》中第十八条提出："县级以上人民政府环境保护主管部门有权要求危险废物经营单位定期报告危险废物经营活动情况。危险废物经营单位应当建立危险废物经营情况记录簿，如实记载收集、贮存、处置危险废物的类别、来源、去向和有无事故等事项。危险废物经营单位应当将危险废物经营情况记录簿保存10年以上，以填埋方式处置危险废物的经营情况记录簿应当永久保存。终止经营活动的，应当将危险废物经营情况记录簿移交所在地县级以上地方人民政府环境保护主管部门存档管理。"因此，危险废物经营单位应建立危险废物经营情况记录簿，并按要求妥善保存。

《危险废物经营单位记录和报告经营情况指南》中将记录簿中应包含的记录种类、记录表的主要形式一一列出，包括危险废物流转记录的主要部分及与危险废物流转相关的人员、设备、应急预案演练记录等内容，基本搭建起记录簿的整体架构。

第二节 规范化管理

结合《危险废物经营单位记录和报告经营情况指南》的要求，狭义的记录簿应包括与生产直接相关的各项规章制度和记录表单，从经营管理的角度来说，广义的记录簿管理应从生产辅料的采购方资质开始跟踪和管理，而不只限于生产处置阶段。为了降低危险废物对环境带来的危害，应做到危险废物全过程管理，危险废物经营记录簿是全过程管理的有效载体，通过记录簿来体现全过程管理的执行程度。

一、各相关方资质管理

危险废物经营单位在合法开展业务之前，应取得危险废物经营许可证，根据许可证的要求开展资质范围内的危险废物的收集、贮存、处置等相关工作。在记录簿的建立中，危险废物经营单位的相关资质、与相关方之间的合同、相关方的资质等均可作为记录簿文件建设中的一部分。

（一）危险废物经营单位相关资质

1. 危险废物经营许可证（图 14-1）

依照经营方式不同，危险废物经营许可证可分为危险废物综合经营许可证和危险废物收集经营许可证。领取危险废物综合经营许可证的单位，可以从事各类别危险废物的收集、贮存、处置经营活动；领取危险废物收集经营许可证的单位，只能从事机动车维修活动中产生的废矿物油和居民日常生活中产生的废镉镍电池的危险废物收集经营活动。危险废物综合经营许可证有效期为 5 年，危险废物收集经营许可证有效期为 3 年。危险废物经营单位根据其经营方式必须领取相应的危险废物经营许可证。图 14-1 为危险废物经营许可证的样式之一，由于许可证发放权力下放，各地的许可证样式稍有不同，但是上面体现的内容基本一致。

危险废物经营许可证
编 号： 发证机关：
核准经营危险废物类别
核准经营规模
发证日期： 年 月 日
有效期限 自 至
初次发证日期：

图 14-1 危险废物经营许可证样例

2. 道路运输经营许可证（危险废物）(图 14-2)

由于危险废物具有一般危险货物的危险属性，其本身又具有五种危险特性，因此运输危险废物的车辆需要具有相应资质。危险废物经营单位应组织待处置或利用废物的收集活动，使用有资质单位开展运输。道路运输经营许可证是单位、团体和个人有权利从事道路运输经营活动的证明，即从事物流和货运站场企业经营时必须取得的前置许可，物流公司根据经营范围的不同视当地政策情况办理道路运输经营许可证，有此证的公司方可营运危险货物运输车辆，同时此证是车辆办理营运证的必要条件。道路运输经营许可证是地方道路运输管理局颁发的证件，有效期为 4 年，到期需换证。

危险废物经营单位如果有自己的运输车辆，必须要办理此证。否则，可以采取第三方服务的方式完成危险废物的运输，此时，应签订委托运输的合同，并保留运输企业的道路运输许可证、运输及押运人员资质及其他相关资质复印件。

图 14-2　道路运输经营许可证样例

3. 道路运输证（图 14-3）

道路运输证是证明营运车辆合法经营的有效证件，也是记录营运车辆审验情况和对经营者奖惩的主要凭证，道路运输证必须随车携带，在有效期内全国通行。道路运输证中营运证的主证和副页必须齐全，编号必须相同，骑缝章必须相合，填写的内容必须一致，否则，视为无效营运证。

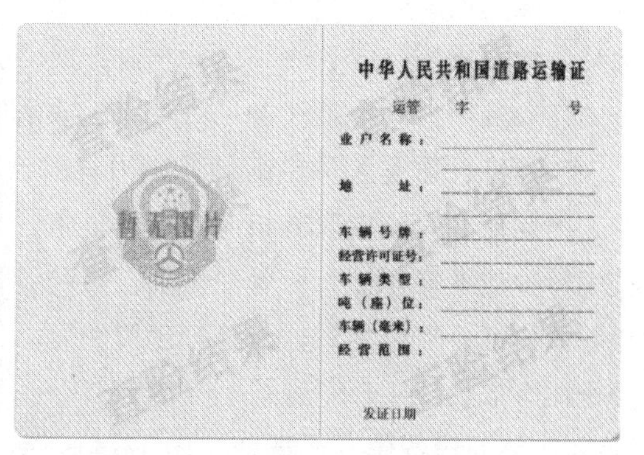

图 14-3　道路运输证样例

4. 国有土地使用证

《危险废物经营许可证管理办法》中第二章第五条："（七）以填埋方式处置危险废物的，应当依法取得填埋场所的土地使用权。"因此，经营填埋场的危险废物经营单位在申请许可证之前，必须先取得国有土地使用证。不经营危险废物填埋场的，不强制要求企业必须持有国有土地使用证，有合理的土地使用证明即可。

5. 环评批复文件

环评批复文件是危险废物经营单位在取得经营许可证之前众多前期手续中的一个。在此特别提出的原因是，在各项环保检查中，环评批复文件都容易被调出查看，将实际生产线采用的工艺技术、各项排放指标与其比对，以确认危险废物经营单位是否按照环评批复的要求建设及规范化运营。如果危险废物处置或利用设施在实际建设过程中与环评批复要求不符，应将变更文件等一系列说明性文件同时存档备查。

6. 从业人员资质证明

（1）技术人员。《危险废物经营许可证管理办法》中第二章第五条要求"申请领取危险废物收集、贮存、处置综合经营许可证，应当具备下列条件：（一）有 3 名以上环境工程专业或者相关专业中级以上职称，并有 3 年以上固体废物污染治理经历的技术人员。"这是针对所有危险废物经营单位的一个基础性的从业人员资质要求。

针对水泥窑协同处置企业，对于人员的资质要求又有所不同。按照《水泥窑协同处置危险废物经营许可证审查指南（试行）》的要求，无论是分散独立经营模式、分散联合经营模式还是集中经营模式，对于项目人员的基本要求为"应有至少有 1 名具备水泥工艺专业高级职称的技术人员，至少 1 名具备化学与化工专业中级及以上职称的技术人员，至少 3 名具备环境科学与工程专业中级及以上职称的技术人员，至少 3 名具有 3 年及以上固体废物污染治理经历的技术人员，至少 1 名依法取得注册助理安全工程师及以上执业资格或安全工程专业中级及以上职称的专职安全管理人员。"当水泥窑协同处置项目为分散联合经营模式时，还另外要求水泥企业"应有至少 1 名具备水泥工艺专业高级职称的技术人员，至少 1 名具备化学与化工或环境科学与工程专业中级及以上职称的技术人员"。

（2）驾驶员、押运员。《道路运输从业人员管理规定》中提出，经营性道路客货运输驾驶员和道路危险货物运输从业人员必须取得相应从业资格，方可从事相应的道路运输活动。因此，危险废物经营单位自行运输的，应要求驾驶员具有相应资格，同车还应配备押运员。如采用第三方运输，应要求对方的驾驶员和押运员具有相应资格。对驾驶员和押运员的任职资格，具体条件参见《道路运输从业人员管理规定》中的第十一条和第十二条。

（3）特种作业人员。锅炉、压力容器、叉车、电工、有限空间作业等均涉及特种作业，因此从业人员应取得相应的资格证书。与特种作业相关的证书包括特种设备作业人员证和特种作业操作证。两者的区别：特种设备作业人员证由质量技术监督部门颁发；特种作业操作证由安全生产监督管理部门颁发。二者在内容上没有共同点，不能通用，证书都是全国有效。

① 特种设备作业人员证（图 14-4）。锅炉、压力容器、电梯、起重机械、客运索道、大型游乐设施、场（厂）内专用机动车辆的作业人员及其相关管理人员称为特种设备作业

人员。从事特种设备作业的人员必须经过培训考核合格取得特种设备作业人员证，方可从事相应的作业，各特种设备作业人员证都要求复审，复审年限有所不同。特种设备作业人员证的分类详见国家质量监督部门制定的《特种设备作业人员资格认定分类与项目》，危险废物经营单位可以根据实际需要，要求员工取得相应的作业人员证，例如，危险废物经营单位需要的叉车司机特种设备作业人员证、司炉工特种设备作业人员证等。

图 14-4 特种设备作业人员证样本

② 特种作业操作证（图 14-5）。特种作业操作是指容易发生事故，对操作者本人、他人的安全健康及设备、设施的安全可能造成重大危害的作业。操作者必须经专门的安全技术培训并考核合格，取得特种作业操作证后，方可上岗作业。特种作业的范围参照国家安全监管总局制定的《特种作业目录》规定，危险废物经营单位可以根据实际需要，要求员工选择该目录中的特种作业操作证进行考取。例如，危险废物经营单位常用的装载机特种作业操作证、电气焊特种作业操作证、有限空间特种作业操作证、高压电工特种作业操作证等。

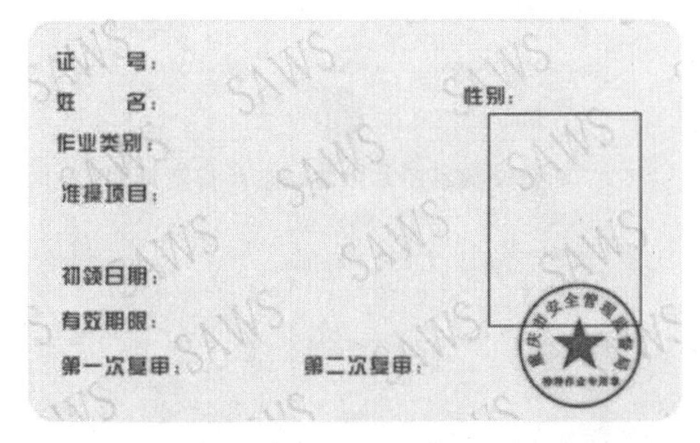

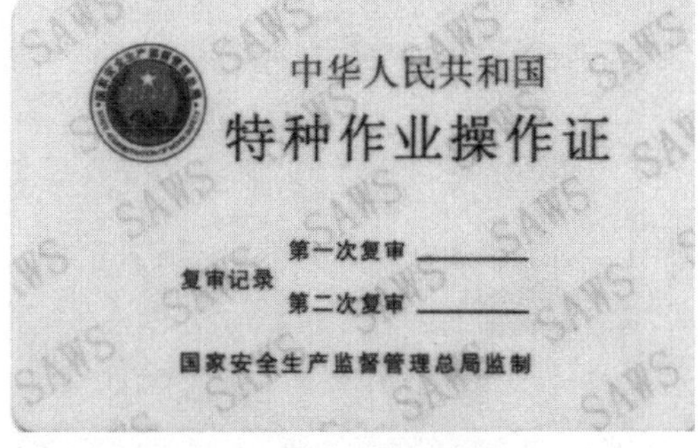

图 14-5 特种作业操作证样本

（二）与危险废物经营单位合作的相关方资质

无论是与危险废物经营单位合作的运输单位，还是危险废物经营单位的设备、辅料、办公用品等的供应商，都应有合规的合同作为双方合作的依据。签订合同时，运输危险废物的车辆、运输人员资质证明的复印件要作为合同的必要附件，辅料的质量合格证书、设备设施的技术文件也是合同中的必要附件。此外，应关注各项资质的有效期，并定期更新。

1. 运输合作单位

危险废物经营单位涉及的危险废物运输主要包括两种情况：一种情况是将危险废物从产废单位运至危险废物经营单位；第二种情况是危险废物经营单位自己产生的危险废物如不能自行处置或利用的，需要运至其他有资质的危险废物经营单位进行处理。

如果危险废物经营单位拥有自己的运输队伍，应该具有相应资质，企业资质包括道路运输经营许可证（危险废物）、道路运输证，驾驶员资质应包括道路运输从业人员从业资格证（道路危险货物运输押运员、经营性道路货物运输驾驶员、道路货物运输驾驶员等）。

如果危险废物经营单位不具备运输条件，需要签署委托运输合同。签署运输合同时，上述有关运输单位及人员的资质应齐全并符合要求，同时这些资质文件要作为合同附件进行存档。

2. 采购单位

危险废物经营单位的采购主要包括检测用化学试剂和标气采购、检测仪器采购、备品备件采购、化工辅料采购、一般和特种劳动防护用品采购、其他物品采购等。采购合同应有必要的资质文件作为附件，专属附件还可包括供方产品合格证书、生产许可证，特别的还应包括产品使用说明书、化学试剂的化学品安全技术说明书、特种劳保用品的三证一标等，下面就结合每种采购用品详细说明。

（1）化学试剂。为了满足检测需要，实验室要配备各种化学试剂，可分为普通化学试剂、易制毒化学试剂和易制爆化学试剂。通用性文件应包括销售单位的危险化学品经营许可证、试剂的化学品安全技术说明书（MSDS）、产品合格证或原厂检测报告（有些厂商不直接提供纸版材料，可在其官网进行查询）。如果购买易制毒试剂还应关注非药品类易制毒化学品生产备案证明。证照齐全，方可购买其生产的试剂用于化验检测。主要证件样式如图 14-6 和图 14-7 所示。

中华人民共和国
危险化学品经营许可证
登记编号：
经营单位名称：　　经营单位负责人：
经营单位住所：　　经营单位类型：
许可经营范围：　　经 营 方 式：
发证机关
有效期：　年　月　日至　年　月　日　　年　月　日
证书编号：　　国家安全生产监督管理局制

图 14-6　危险化学品经营许可证样式

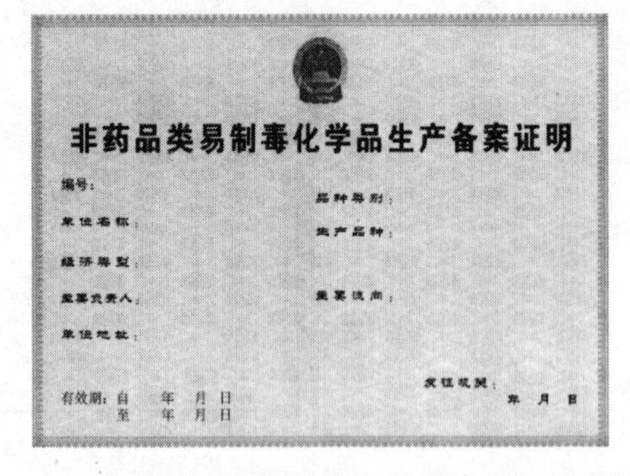

非药品类易制毒化学品生产备案证明
编号：
单位名称：
单位地址：
有效期：自　年　月　日
至　年　月　日
年　月　日

图 14-7　非药品类易制毒化学品生产备案证明样式

（2）检测用气体。危险废物经营单位的实验室在检测重金属时或使用各种色谱时大多会用到不同的检测气体，焚烧在线监测设施标定时会用到各种标气，因此在气体的采购上，应严格把关，确保检测数据准确。通常气体采购时，应关注销售单位的危险化学品经

营许可证和气瓶充装许可证（各地市的气瓶充装许可证样式略有不同，请关注项目所在地质量技术监督部门网站）。如果购买标气，还应关注制造计量器具许可证中是否包含所要购买的标气种类，主要证件样式如图 14-8 和图 14-9 所示。

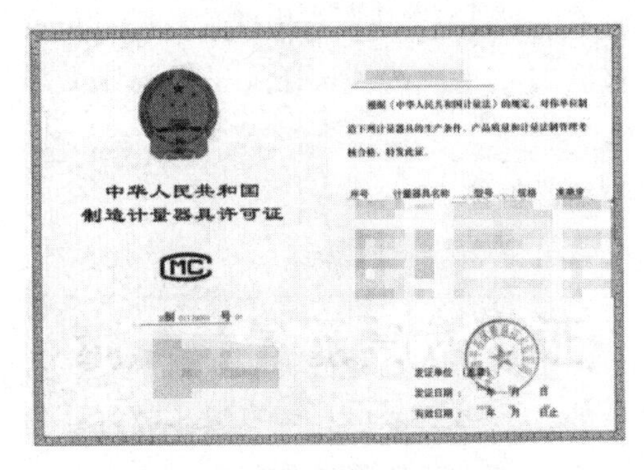
中华人民共和国
制造计量器具许可证

图 14-8　制造计量器具许可证样式

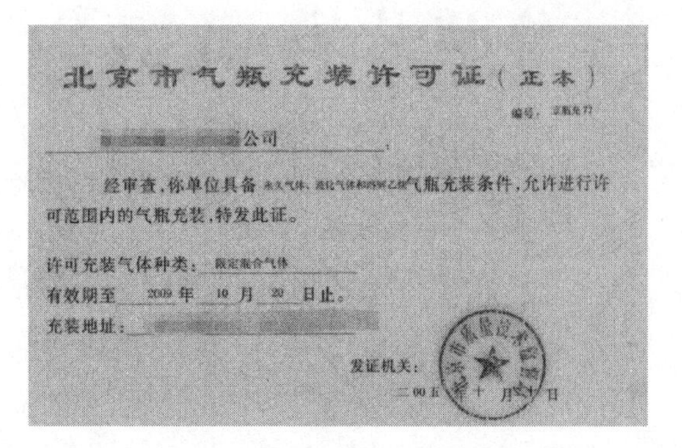
北京市气瓶充装许可证（正本）

公司

经审查，你单位具备气瓶充装条件，允许进行许可范围内的气瓶充装，特发此证。

许可充装气体种类：

有效期至　2009 年　10 月　20　日止。

充装地址：

发证机关：

图 14-9　气瓶充装许可证样式

（3）化工辅料。危险废物经营单位各利用、处置设施生产过程中，大多会使用到活性炭、氯化钠、石灰、PAM、PAC、双氧水等常见生产辅料，对进厂辅料进行验收的同时，还应关注销售厂家的资质是否齐全。一般来说，要求销售商提供产品检测合格报告，如果涉及到危险化学品，如盐酸、双氧水、硝酸之类的，还需要提供危险化学品经营许可证和道路运输经营许可证。

（4）特种劳动防护用品。危险废物成分复杂，种类繁多，因此在对工作人员的劳动防护方面应严格把控，确保购买的劳动防护用品，尤其是特种劳动防护用品，符合相关要求，切身保障工作人员的身体健康。特种劳动防护用品目录共分为 6 大类 21 个小类，所有 21 小类用品基本在危险废物经营单位都会使用到，因此要严格执行“三证一标”，即所使用的特种劳动防护用品应具有生产许可证、安全标识证（安全标志证书）、产品合格证（指生产者为表明出厂的产品经质量检验合格，附于产品或者产品包装上的合格证书、合格标签或者合格印章，样式会有差异，这里不一一列出）和安全标志。

（5）其他物品。危险废物经营单位的利用、处置设施不同，工艺也有区别，因此在日常的生产过程中，用到的原料、辅料也会有所差异。经营单位应该根据实际需要进行采购，采购时应关注相关方的各种合法资质及产品合格证书，确保风险可控，事故可追溯。

3. 施工合作单位

危险废物经营单位在运行过程中，会涉及生产线的技术改造、生产线维护与大修、生产及办公厂房的日常维修等，如果企业没有自己的技术团队或施工队伍，均需要交由有相应资质的单位开展工作。各相关方除应具有工商营业执照、相应施工资质等，作业人员也应根据从事行业提供相应的职业资格证书。例如：建设施工单位应具有建筑工程施工资质，特种设备维修单位应有特种设备安装、改造、维修许可证等。

4. 劳务派遣单位

对于劳务派遣单位，应关注其工商营业执照是否具有劳务派遣的资质，同时应关注派

资质认定

计量认证证书

证书编号

名称

地址

经审查，你机构已具备国家有关法律、行政法规规定的基本条件和能力，现予批准，可以向社会出具具有证明作用的数据和结果，特发此证。

检测能力见证书附表。

准许使用徽标

CMA

发证日期

有效期至

发证机关

图 14-10 计量认证证书样本

遭到企业人员的身体健康情况等。

5. 第三方监测机构

选择的环境监测单位应具有CMA（计量认证）资质，重点查看该单位CMA资质附件中的检测能力是否覆盖企业所需监测的项目。计量认证证书样式详见图14-10。

6. 危险废物经营单位

危险废物经营单位在利用或处置危险废物的同时，有时也会再次产生危险废物，如经营单位本身不具备利用或处置内部产生的危险废物的资质，则需要将其委托给具有资质的其他经营单位处置，因此应将受委托单位的危险废物经营许可证复印件留存，作为委托处置的合同附件，同时受托方资质范围内必须涵盖委托处置危险废物的类别。

7. 其他合作单位

除了上述各相关方，不同的危险废物经营单位还可能会遇到不同类型的合作单位，本着合法合规的原则，经营单位应该适当留存相关方的各种资质，保证过程控制到位，结果可追溯。

二、规章制度管理

（一）规章制度的建设

企业的管理离不开规章制度，在危险废物经营许可证的申请过程中，规章制度的编制内容也是申请材料的重要组成部分。危险废物经营单位在建立之初，建议参考《质量管理体系 要求》（ISO 9001：2015）的管理思路，建立各项规章制度；企业正式运营后，按照建立的规章制度，规范各项工作流程，开展各项管理工作；随着企业的运营，可能会发现当时制定的某些规章制度不符合或不适宜，需要结合实际更新原有的规章制度；企业再按照新的规章制度运行，以验证新规则的适应性；随着企业的不断发展、业务的变化，规章制度也要不断更新变化。企业规章制度的建设就是这样一个从建立、使用、修改完善到再应用的一个动态过程。

（二）规章制度的修订

企业的各项工作在满足国家、地方、行业的各项法律法规的前提下，同时要按照企业内部规章制度执行。从宏观的经营记录簿管理角度来看，企业内部的规章制度，特别是涉及安全、环保、生产、化验、质量控制等方面，应在确保合法合规的前提下，定期根据企业的实际情况进行修订；对于不符合企业现有实际情况或与现有国家、地方及行业的法律法规相违背的规章制度，应该立即废止，不再使用；针对新出现的问题、新的业务范围，应在合法合规的前提下，编制新的具有可操作性的规章制度，最终保证经营记录簿的合规性和完整性。

（三）危险废物经营单位特有的规章制度

除常规企业应有的规章制度之外，危险废物经营单位还独有一些管理制度以规范企业的合法合规经营。按照申请危险废物经营许可证的要求，危险废物经营单位特有的几类规章制度，分别是危险废物分析管理制度、安全保障管理制度、内部监督管理制度、应急突发事件管理制度、危险废物贮存管理制度、预防风险管理制度、人员管理制度、环境监测制度。危险废物经营单位可以从这几类制度出发，结合企业的实际管理情况，制定并不断健全相关制度的内容，下面重点介绍几类管理制度的内容设计。

(1) 危险废物分析管理制度。危险废物分析管理制度包括与取样和检测分析有关的、与实验室管理有关的制度，一般包括实验室低值易耗品管理制度、实验室化学试剂管理制度、实验室档案管理制度、实验室检测样品管理制度、检测分析单填写制度、环境监测管理制度等。

(2) 安全保障管理制度。一般包括员工出入管理规定、安全生产管理制度、安全隐患排查整改制度、安全检查制度、处置岗位劳动保护制度、劳动保护用品配置办法、生产岗位职工守则、实验室安全规定、消防安全管理规定、厂内交通安全标志管理制度、安全事故报告和处理制度等。

(3) 危险废物贮存管理制度。一般包括库房交接班制度、库房巡查制度、库房贮存管理制度等。

(4) 预防风险管理制度。一般包括生产辅料验收流程，剧毒废物入库、存储、出库制度，危险化学品运输与存储注意事项，防止业务员随意倾倒危废的内控机制，档案管理办法等。

(5) 人员管理制度。一般包括考勤及休假管理办法、培训管理办法、绩效考核管理办法等。

(6) 其他制度。一般包括业务开发过程中产废单位报备制度、回访工作制度、业务员合同签订工作流程、生产操作岗位记录要求、生产操作岗位交接班制度、设备管理制度、报修管理制度、质量控制管理规程、货运车辆进出厂规定、职业健康管理规定等。

三、记录文件管理

危险废物全过程管理的有效载体是危险废物经营记录簿，而记录簿的重要组成部分即危险废物经营单位的各种记录文件。这些记录文件不仅记录着经营单位内部危险废物流转的整个过程，还记录着处置或利用设施、贮存设施环保运行的足迹；不仅记录着工作人员的作业流程，还记录着企业各项管理工作的实施情况。记录簿是各级环保部门检查的重中之重，因此在经营单位内部管理上，应做好记录文件的编制、使用、总结、归档等工作，保证经营记录簿内容完整、各项信息具有可追溯性。下面将危险废物经营单位必须使用的记录内容分为十一项介绍，其中前十项是经营记录簿范围内的环保部门重点检查的内容，最后一项为企业通用管理内容。

（一）分析检测类记录

采用适合的分析单能够全面准确地记录检测数据，下面根据危险废物经营单位的一般需求，列举常见的几种分析单。

（1）样品分析单。指危险废物进厂前或进厂时分析检测采用的分析单，危险废物经营单位可以根据处置工艺的不同，有针对性地选择分析项目和种类。对于危险废物经营单位内部产生的新废物，如果想要确定其组成和处置方式，也可以采用此分析单。样品分析单参考样式见表 14-1。

表 14-1 样品分析单（样表）

分析单编号：________________

废物代码：________________ 废物类别：________________

废物名称：________________ 产生单位：________________

取样人：________________ 取样日期：________________

说明：________________________________

序号	分析项目	测试结果	单 位	测试人	备 注

分析说明：________________________________

校核人：________________ 审核人：________________

（2）过程控制分析单。过程控制分析，顾名思义就是在危险废物处置或利用过程中，通过检测了解过程处置情况，为后续操作提供依据或判断该处置或利用工段是否达到环保排放要求而开展的检测活动。危险废物经营单位的处置工艺不同，过程控制分析单包括锅炉水质分析单、焚烧残渣检测分析单、污水进出水质分析单等。分析单设计原则应结合处置线本身的特点，环评批复指标，相关国家、地方和行业的排放标准，有针对性地进行设计。

（3）原始记录，包括检测原始记录和取样原始记录。记录必须“原始”，即实施过程中的全部文字、数据、演算过程都必须如实地写在原始记录上。原始记录是检测数据的原始依据，是所有问题追溯的根源，因此应详细、清楚地做好原始记录。检测原始记录单一般包括样品编号、样品名称、样品状态、检测环境温（湿）度、检测项目、检测时间、检测人、分析说明等内容。通常取样原始记录单用于环境监测时，在对有组织或无组织排放的气体采样时使用，记录内容一般包括采样人、采样时间、样品编号、采样环境。

（4）辅料检测分析单。通常进厂的辅料会有产品合格证或产品检测报告，为了确保进厂辅料符合要求，对有证辅料也应进行定期或不定期的抽检，此项检测通常只是进行一个快速验证性的检测，因此对辅料只检测少数核心指标，同时采用快速分析手段进行检测。

（5）环境监测分析单。通常包括对地下水、地表水、有组织或无组织排放气体、噪声、土壤等的环境监测，因此应结合危险废物经营许可证和信息公开的要求，有针对性地设定相关检测项目。由于不强制要求危险废物经营单位必须具备环境监测能力，如果企业要开展环境监测类工作，分析单内容可以参考“样品分析单”的项目进行设置。

(6) 环境监测报告。针对危险废物经营许可证附件中要求的环境监测工作，企业一般委托第三方监测机构开展监测工作。在这里需要特别提醒，环境监测报告是经营记录簿的一个重要组成部分，企业应充分重视此项工作，合理编制监测计划并按期开展监测。

（二）废物运输类记录

危险废物的运输分为自有车辆运输和委托第三方运输。为了使运输资源分配合理、便于危险废物接收人员的统计，无论采用哪一种运输方式，负责收运的部门均应编制危险废物收集计划，样式详见第五章。负责运输的部门可采用约车单和派车单，同时应留存危险废物转移联单。约车单通常是在进行危险废物运输之前，对车辆进行分配，确保能够在与客户约定的时间内进行危险废物运输，约车单参考样式详见表 14-2。派车单通常是车辆进出危险废物储存、处置厂区的依据，同时是车辆携带包装物或其他工具出厂区的凭证，派车单参考样式详见表 14-3。

表 14-2　约车单（样表）

产废单位名称：　　　　产废单位地址（实际转移废物地址）：

联系人：　　　　联系方式：

提交日期：　　　　预计转移日期：

运输调度：　　　　业务经理：

序号	废物名称	类别及编号	物理形态	包装方式及规格(详细说明)	预计数量	是否有准入审批和转移联单	需带包装物品种	包装物个数
1								
2								
3								
备注：								

表 14-3　派车单（样表）

车辆号：	司机姓名：	押运员姓名：
产废单位名称：	联系人：	公司地址：
废物明细：		包装物：
出车时间：		收车时间：
派车人：	车辆管理部门签字：	司机签字：
备注：		

（三）物流储存类记录

最高人民法院、最高人民检察院发布了“环境污染犯罪司法解释”以来，“非法排放、倾倒、处置危险废物三吨以上的”，属于“严重污染环境”，因此，危险废物在经营单位内部和外部的流转，要做到分毫不差，确保所有的危险废物去向都做到如实记录。危险废物经营单位通过完整的物流管理，可以追溯危险废物在经营单位内部和外部的全部流转过程，全过程的记录文件是企业管理的一个重要环节，这些文件不仅可以给客户一个满意的交代，同时也是各级环保部门检查的重点，主要流程记录应包括磅单、外部危险废物入库单、库存危险废物处理交接单、内部危险废物入库单、外来危险废物直接处理单、内部危险废物直接处理单、库房巡查记录。经营单位可以根据实际工作需求，在此基础上增加危险废物返库单、产品入库单（如有资源化处置设施）等。如果经营单位新产生了危险废物且自身不能处置、需要外转时，应填写内部危险废物出库单。上述这些记录表单的样式可以参考《危险废物经营单位记录和报告经营情况指南》中的附件内容，经营单位也可以结合企业实际情况进行适当修改，满足需求即可。

（四）技术管理类记录

技术管理类记录文件应包括处置方案、过程质量控制记录、辅料的领用记录、处置线的工艺操作记录等。

1. 处置方案

处置方案应指导生产线操作员的操作，方案中应明确预处理、上料、处置等全过程的工艺要求，必要时要先进行小试，将小试报告中的结论一并附在方案中，同时给出安全环保注意事项、应急操作方法等。

2. 过程质量控制记录

危险废物经营单位的过程质量控制，通常是为确保处置或利用设施最终排放达标或资源化产品质量合格而开展的一系列分析检测活动。例如：焚烧处置线的锅炉水质是否合格，焚烧残渣热灼减率是否合格，焚烧尾气的各项指标是否合格；物化处置线的出水各项指标是否满足环评要求、《污水综合排放标准》或进入企业内部污水站的要求；资源化产品是否符合国家相关标准要求、行业标准要求或企业标准要求等。作为一个环保企业，上述所列的分析检测项目和各项目执行的标准均为过程质量控制范畴，是企业必须关注的。通常这一系列的控制记录是通过检测分析数据来体现，通过分析数据进行判断其是否符合法律法规或相关标准要求，符合要求的放行，不符合要求时应进行相应的处置后再放行。因此，企业应结合现有生产线情况，有针对性地设置检测项目，控制指标。

3. 辅料领用记录

这里提到的辅料是指关系到环保处置要求的一些辅料，例如，活性炭是焚烧过程中降低二噁英和重金属的有效辅料，石灰粉是降低酸性气体的重要辅料等。这些辅料的购买凭证和出入库记录能够从侧面体现环保排放的真实性，因此，辅料领用记录应包括领用物品名称和数量、领用时间、领用人、使用场景、相关人员签字等内容。

4. 工艺操作记录

处置线的工艺操作记录是技术类记录文件中最重要的一项，通过该记录可以反映生产线的运行情况、废物处置情况、物料投加情况和处置排放情况等。记录内容通常包括重要的工艺参数值（如回转窑焚烧系统各时间段的温度、压力）、危险废物处置量（如液态废物进料量、固态废物进料量等）、辅料用量（如石灰粉、液碱等）、当班发生异常情况等内容，如有必要可以记录运行控制过程中的检测数据等信息。

（五）设施维护类记录文件

设施维护类记录文件主要指生产线上的主体设备和计量用设施检修保养记录，以及环保监测用在线监测设备的维护保养记录等。

1. 生产设备检修和日常维护记录

对于生产线的主体设备，可根据生产线的规模、特殊性，有针对性地进行设备检修和日常维护。设备检修应编制检修计划，设备检修计划样式详见第十章。日常维护应编制维护规程，应结合具体的生产设施分设备类别或分工段进行单体巡检，一天至少巡查两次，特殊设备可增加巡检频次，将巡查情况一一记录，出现异常情况时应将处置措施一并记录。设备巡检记录样式参见表 14-4。

2. 计量设施校验记录

对于计量设施应定期进行校验，强制检定的设备可由第三方机构进行检定，非强制检定的设备也可以由单位内部编制自校方案，自行完成校验。校验记录应体现自校过程、数据结果、得出的结论等内容，设备自校记录参见表 14-5。

3. 在线监测设备标定记录

对于在线监测设备维护，应定期进行监测数据比对，一般通过第三方检测机构开展，因此经营单位无需自行设计记录表格。由于各生产线使用的在线监测设备的供应商不同，工作原理不同，因此对于在线监测设备的标定，需要经营单位根据设备供应商提供的信息内容自行完成。在线监测设备标定记录参见表 14-6。

（六）人员培训记录

由于危险废物经营行业对人员的素质要求很高，不仅在申请危险废物经营许可证的前置条件中对人员资质有要求，还对危险废物经营单位从业人员的日常培训也有明确的要求。在《危险废物规范化管理指标体系》中明确了培训内容、受训人员范围等，因此，可结合危险废物经营单位的一般管理，设计人员培训的各类记录，包括培训计划、培训记录、培训效果评价表等，具体样式详见第十一章。

（七）应急预案演练相关记录

应急预案演练是环保检查的重要环节，应包括编制应急预案演练方案、应急预案实施情况、演练情况总结等内容。应急预案演练方案应至少包括演练目的、演练范围、演练主要内容、演练所需物资、演练时间和地点、演练组织体系的职责划分等内容；演练实施情况与总结通常合并为一个报告，应包括演练的图片或影像资料、参与人员、过程实施的描述、此次演练的收获及发现的问题，以及对发现问题的整改及现有工作的改进等内容。很多危险废物经营单位在应急预案演练之后无相应的总结，这不符合《生产经营单位生产安全事故应急预案编制导则》的要求。

（八）经营情况报表

经营单位与上一级环保部门最直接的沟通方式，即上报各种形式的经营情况汇总报表。各省市要求不同，通常分为日报、月报、季报、年报，但是大多数都是执行月报和年报制度。报表中的主要内容包括危险废物收集类别和量、处置/利用类别和量、库存的类别和量、内部产生危险废物类别和量，其他信息为经营单位的企业基本信息和处置利用设施的信息，年报样式详见《危险废物经营单位记录和报告经营情况指南》的附件内容。

表 14-4 设备巡检记录（样表）

日期： 年 月

序号	设备名称	月 日		月 日		月 日		月 日		月 日		设备情况备注栏
		上午	下午	上午	下午	上午	下午	上午	下午	上午	下午	
1												
2												
3												
巡检人员签字												

表格填写说明：

1. 在日常的巡检中，用不同的符号代表设备不同的运行状态。例如：正常运行画“√”；停止运行画“\”；带病运行画“▲”；故障停车画“×”；润滑加油画“#”；震动异常画“※”；温度异常画“℃”；声音异常画“*”；设备异常跑、冒、滴、漏画“■”。

2.“设备情况备注栏”填写内容：以设备名称序号开头描述带病运转和故障停车的设备情况；设备润滑所加油脂品种、型号和使用量；对各异常情况的文字叙述。

表 14-5 设备自校记录（样表）

校验人		核查人	
自校仪器：			
自校方案：			
校验标准：			
判断方法：			
校验情况：			
校验结论：			

表 14-6 在线监测设备标定记录（样表）

测试人员________ 在线监测设备生产厂________

测试地点________ 在线监测设备型号、编号________

测试位置________ 在线监测设备原理________

标准气体浓度或校准器件的已知响应值________ 污染物名称________

序号	日期	时间	计量单位/(mg/m^3)								备 注
			零点读数		零点漂移绝对误差	%满量程	上标校准读数		跨度漂移绝对误差	%满量程	
			起始(Z_0)	最终(Z_i)	$\Delta Z=Z_i-Z_0$		起始(S_0)	最终(S_i)	$\Delta S=S_i-S_0$		
1											
2											
3											
4											
零点漂移绝对误差最大值							跨度漂移绝对误差最大值				
零点漂移/%							跨度漂移/%				

（九）危险废物管理计划

固废法规定“产生危险废物的单位，必须按照国家有关规定制定危险废物管理计划”，经营单位在年初或上一年年底必须制定危险废物管理计划，并在当地的环保部门备案，如果危险废物管理计划有重大改变的，应及时申报。危险废物管理计划的内容包括危险废物产生单位的基本信息和危险废物的一些减量化措施等。

（十）安全环保检查记录

危险废物经营单位应根据企业自身的特点，结合工艺处置线种类、库房存放物品分类、环保设施工艺、应急处置设施的完备情况，相应地设计安全环保检查记录。检查记录的内容可包括现场环境卫生、标签标识使用情况、环保设施使用情况、包装容器情况、废物存储情况、消防设施配备情况等。

（十一）行政类记录

行政类记录往往不是环保检查的重点，因此容易被忽视。这里提到它，是为了保持经营记录簿的完整性，同时也能够确保相关问题的可追溯性。行政类记录应包括文件的收发、交接、借阅与归还、会议签到、证照借阅、合同台账、用章用印申请等一系列记录，这些记录看似与危险废物管理无直接关系，却为基础管理工作提供了有效支撑，此类记录文件也是经营情况记录簿的一个组成部分，应同样予以重视。

第三节　经验总结

危险废物经营单位经营记录簿建立后，执行是否到位、是否全面、是否合理，都需要进一步评定和不断改进。建议企业建立自查机制，对企业管理的各个方面进行自查，同时也包括对记录簿的自查（自查工作不是法律法规硬性要求的内容）。

企业自查机制类似于ISO管理体系中的内审工作，但也存在差别。内审工作一般在某一时间、对固定的内容进行检查，确认企业的管理体系是否符合ISO管理体系认证要求；而企业的内部自查相对灵活，可以在任何时间、有侧重地通过对现行工作的检查，确保其符合国家相关法律法规要求，特别是环保方面的要求。内审是各行业企业管理的通用规则，适用性强，具有一定的普遍性；而企业对记录簿的自查是基于内审的理念，从更专业的角度进行深度挖潜，判断企业内部管理的合法合规性，专业性强。

一、自查计划的制订

企业应在当年年初或上一年底，制订年度记录簿自查计划。自查计划应包括自查时间、自查组组长、自查小组成员、自查内容、自查依据等内容。自查内容不能年年如一，应该随国家政策法规的修订、企业运行情况的变化而更新，应将之前关注的重点问题或整改内容融入本次自查计划，适当删减或增加自查内容。自查计划要做得准确、全面，才能保证整个自查工作有序开展。

1. 自查时间

企业可以一次性将所有记录簿内容自查完毕，也可以分多次自查完所有内容。企业可以根据自查小组人员的多少、自查内容的多少，弹性地确定自查时间。例如，企业希望通过四次自查完成整个记录簿的内容检查，那么就可以每个季度开展一次自查，根据企业自身的情况合理安排自查小组成员和检查对接人员。

2. 自查组组长

自查组组长应由中层以上领导干部担任，能够协调小组成员开展自查工作，并协调被检查部门积极配合，以确保此项工作顺利开展。同时自查组组长负责编制年度的自查计划，合理安排小组成员检查相应内容，对自查后小组成员意见进行汇总，形成报告。自查组组长应定期组织对自查小组成员进行记录簿相关内容的培训，包括记录簿的组成、环保相关的标准规范、企业内部环保设施的工艺流程等。

3. 自查小组成员

自查小组成员来自于各相关部门，均应熟悉危险废物经营单位经营记录簿的全部内容，在自查的过程中，小组成员不检查本部门的记录簿内容。在年度自查计划审核通过后，自查小组成员根据各自负责的检查内容，编制自查检查表，将检查内容、应达到的标准、被检查部门实际检查情况、发现问题的整改意见等，一并写在检查表上，交给自查组组长汇总。

4. 自查内容

自查内容应涵盖本章第二节中提及的所有内容，即各项规章制度、各种相关方资质、各种记录表格及相关文件。自查小组成员可以根据所检查部门的业务范围结合上述内容编制自查检查表。例如：自查检查表其中的一项检查内容可以为“是否有危险废物接收的相关制度、是否按照接收制度执行、是否有相关记录文件体现已按照危险废物接收制度执行”，检查方式为“查相关文件制度、查相关记录、现场查看操作与制度的相符性”。自查检查表样式可参考表 14-7。

表 14-7 自查检查表（样表）

被检查部门		被检查部门配合人员	
自查人员		自查时间	
自查内容	自查依据	自查记录	符合性说明
危险废物包装容器标签是否完整并正确使用	《危险废物贮存污染控制标准》	有/没有标签 正确/错误使用标签	是/否符合《危险废物贮存污染控制标准》
…	…	…	…

5. 自查依据

在自查内容中有一项“自查依据”，此依据应结合具体内容具体分析。通常应包括国家及地方的各项法律法规，例如环保法、固废法、《危险废物许可证管理办法》《危险废物转移联单管理办法》《危险废物经营单位记录和报告经营情况指南》《危险废物规范化管理指标体系》等；包括国家或地方的污染物排放及控制标准，例如《危险废物焚烧污染控制标准》《危险废物填埋污染控制标准》《污水综合排放标准》《大气污染物综合排放标准》《恶臭污染物排放标准》《危险废物贮存污染控制标准》等；还应包括企业的危险废物经营许可证、环评批复、企业内部控制文件等。

6. 问题描述

在自查过程中，对于检查发现的问题，应将问题详细描述，提出对照各标准的差距，以便被检查对象进行后期整改。例如："检查现场存放的危险废物包装容器有破损现象，容器上无危险废物标签"，则本项不符合《危险废物贮存污染控制标准》中的"5 危险废物贮存容器"中的"5.3 装载危险废物的容器必须完好无损"和"7 危险废物贮存设施的运行和管理中"的"7.3 不得接收未粘贴符合 4.9 规定的标签或标签没按规定填写的危险废物"。在具体的检查中，可以在检查表上写出标准的名称和条款，方便相关部门整改。

二、自查报告的撰写

在自查的过程中通常会发现各种各样的问题，自查小组成员应针对检查到的问题给出整改意见，并将其反馈给自查组组长，同时自查组组长应汇总全部信息后形成书面自查报告。

自查报告中应包括本次自查的内容范围、被检查的相关部门、发现的问题、整改建议、整改完成日期等内容，同时对企业现阶段经营记录簿管理情况给予客观的评价，在哪些方面还有待提升等。报告中还应有一项内容，即自查小组组长针对各项问题的整改难易程度及这些问题对企业整体运营的影响程度，编制整改效果跟踪计划表，自查小组组长按照该计划组织相关人员对整改效果进行检查。自查报告样例参考表 14-8。

表 14-8　自查报告样例

一、基本概述：(包括检查时间、检查人员、被检查部门、被检查部门配合人员)
二、检查内容：(按照检查计划分大类列出)
三、发现问题：(问题应与检查内容一一对应)
四、整改建议：(针对需要整改的问题，提出整改建议，同时给出整改期限)
五、整体评价：(对企业记录簿的执行情况给出综合评价，包括哪些方面需要改进或加强)
六、其他：(如果检查中发现问题比较严重或整改周期较长，可采用整改效果跟踪计划表来监督或督促整改的有效实施；如有其他强调的事宜也可提出)

报告编制完成后，自查小组组长可以根据检查出问题的数量、问题解决的难易程度，组织专题会或结合企业其他会议，将自查报告向各相关部门汇报，同时针对部分整改内容进行讨论，确保各项问题得到有效解决。

三、自查整改及效果跟踪

每次自查报告完成后，应将自查报告发给各相关部门负责人，并抄送该部门经营记录簿负责人。各部门在整改的过程中，应与自查小组人员随时沟通，确保待整改问题得到有效落实。各部门将本部门的问题整改完成后，应有书面的回复确认书交与自查小组负责人，在本次活动全部完成后，自查小组组长应将本次自查的全部文件存档。

自查整改完毕后，自查小组组长应按照自查报告中的整改效果跟踪计划表继续跟踪、验证整改效果。如果整改内容是一次性的工作，则完成即可；如果整改内容需要长期执行，应在下次自查工作时，持续关注。总之，应根据整改问题的特点，选择合适的跟踪方式，确保整改效果真正落到实处。

参考文献

[1] 何艳明，聂永丰. 我国危险废物管理现状及发展趋势［J］. 环境污染治理技术与设备，2002，3（6）:90-93.

[2] 俞清，尹炳奎，邹艳萍. 我国危险废物的管理及处理处置现状探析［J］. 环境科学与管理，2006，31（6）：147-149.

[3] 崔久涛. 废润滑油再生工艺的研究［D］. 山东：中国石油大学（华东），2012.

[4] 孙锦宜，刘惠青. 废催化剂回收利用［M］. 北京：化学工业出版社，2001.

[5] 陈超，李长清，岳长涛等. 含油污泥回转式连续热解［J］. 化工学报，2006,57（3）：650-658.

[6] 林德强，丘克强. 含油污泥真空热裂解的研究［J］. 中南大学学报（自然科学版），2012,43（4）：1239-1243.

[7] 张杜杜，徐东军. 废旧线路板非金属材料综合利用［J］. 再生资源与循环经济，2011,2（5）：38-40.

[8] 郝娟，王海锋，宋树磊等. 废线路板热解处理研究现状［J］. 中国资源综合利用，2008,6：30-33.

[9] 李文明，付大友，李红然. 活性炭再生方法的分析和比较［J］. 广州化工，2010,38（12）：27-29.